ENCYCLOPEDIA
FOR
CHILDREN

中国少儿百科知识全书

ENCYCLOPEDIA FOR CHILDREN

中 国 少 儿 百 科 知 识 全 书

食物的奥秘

从田间、农场到厨房美味

叶树芯 / 著

少年儿童出版社

目 录

ENCYCLOPEDIA
FOR
CHILDREN

饮食的变迁

自从人类走出了茹毛饮血的时代，饮食文明和文化便在各地不断发展起来，它们越来越多样。

缤纷的食物

谷物豆类、水果蔬菜、鱼肉蛋奶……这些出现在我们餐桌上的美味食物来自哪里呢？

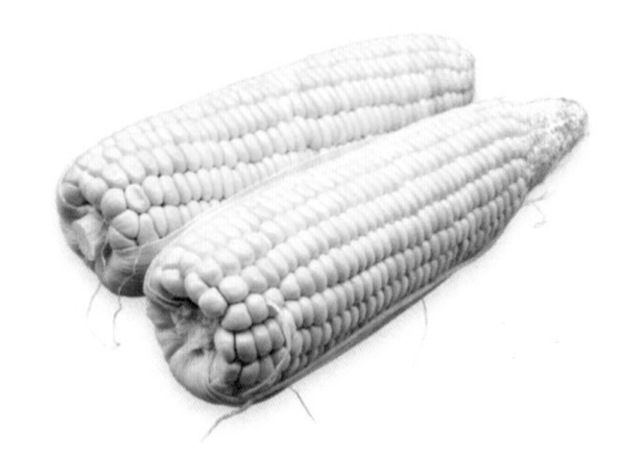

加工和保存

告别了田间和农场，欢迎来到“美食工厂”。经过巧妙的加工，各种天然的食材将大变模样。

食物和健康

当我们吃进食物，口腔里的“食物粉碎机”开始运作，它们将食物分解为较小的颗粒。

未来的食物

或许未来某一天，机器人厨师会代替我们走进厨房。它们拿出 3D 打印机打印的食品，或是将我们从没见过的食物端上餐桌。

附　录

穿越饮食之旅

伴随着人类的进化，饮食发生了巨大改变。人类的祖先经历了漫长的茹毛饮血时代，然后意外发现了火。用火烹饪出的食物更美味、更健康。之后，人们继续探索，食物的种类越来越丰富，烹饪的方法也变得多样起来。

约5 400年前

古埃及人开始饮用酒精饮料。他们酿造啤酒和葡萄酒，并把酒保存在陶土罐里。

茹毛饮血 200多万年前

为了维持生计，人类祖先要同那些体形和力量远远超过自己的动物搏斗，豺狼虎豹都曾是人类的腹中之物。相较于动物，植物的叶子和果实是人类祖先更可靠的食物来源。

使用陶器 约1万年前

有了火，各种烹饪方法被发明出来：用炙热的石板烙肉，用烧红的石子煮汤，或者在土里挖坑生火烤肉。人们发现，被长期烘烤的土坑会变成坚硬的泥块，最早的陶器随之出现。

约5 000年前

小麦传入中国北方。起初，中国古人将小麦煮成麦饭食用。后来，他们逐渐习得了其他民族磨粉的烹饪传统，大约在汉朝出现了花样繁多的面食。

保留火种 100万年前

太阳的炙烤和火山的喷发让灌木丛和森林起了火，动物被烤熟了。浓浓的香味吸引了我们的祖先。他们品尝之后，爱上了这种没有尝过的美味。于是，我们的祖先就这样发现了火的用处，并慢慢地学会了保留火种。

种植和畜牧 约1万年前

因为狩猎的生活过于艰苦，人们开始把活的动物捉回来饲养，这样可以随杀随吃。在暂居的房屋边，人们开始耕种谷物，如小麦和大麦。定居下来后，人类不断繁衍生息，逐步迈向农业社会。

约5 000年前

为了提炼盐，中国古人在海滨刮取咸土，加以冲淋，制取卤水。将卤水晾晒一段时间后，再将其倒入锅中，用柴火煎炼成盐。

约4 600年前

古埃及出现了发酵面包，每家每户都用陶制的模具来烤制面包。

食物大交换 600—1600 年

各个国家和地区的粮食作物出现了广泛流动。唐朝时期，许多西域美食流入中国。15 世纪末至 16 世纪初，欧洲和美洲也开始了食物交换，小麦和葡萄来到了美洲，土豆和玉米也在欧洲大受欢迎。

约4 000年前

美洲大陆广泛栽培玉米，印第安人视玉米为神圣的作物。

现代营养学 1750—2000 年

随着化学元素的发现，人们逐渐了解了人体新陈代谢的原理，并开始关注营养学，蛋白质、维生素等概念逐渐深入人心。每种食物里究竟有哪些成分？它们是否有益于健康？这些成为大家越来越感兴趣的话题。

约3 500年前

中美洲的人们开始种植可可豆，并用其制作一种苦涩的饮料。

约1700年

土耳其人将咖啡带到了欧洲。咖啡曾被进献给法国的路易十四国王，他品尝了这份美味，并且十分喜欢。慢慢地，咖啡开始在富人间流行起来。

工业食物兴起 1800—1900 年

因为军队出征携带的食物总是很快变质，拿破仑悬赏征求实用的食物保存法。法国糖果糕点师尼古拉·阿佩尔发明了罐头，把食物装进罐子里后密封。几十年后，法国微生物学家路易斯·巴斯德摸索出巴氏消毒法，它推动了罐头加工业乃至整个食品工业的发展。

世界各地的饮食

自古以来，不同地域的人群就地取材，搭配合适的调味品，运用各种料理技术，来丰富自己的餐桌。无论是东方还是西方，以谷物、肉类、蔬菜为主的饮食形态都逐渐固定了下来。

俄罗斯
高能量饮食

俄罗斯气候寒冷，人们需要补充很多能量，所以俄式菜肴重油、量大。俄罗斯人痴迷饮酒，浓烈的伏特加是生活中必不可少的酒精饮料。

鱼子酱和伏特加

德 国
有酒还有肉

德国人精通肉食的加工，光是香肠就有上百种。他们也热爱啤酒，全国大致有1 500多个品种。在重要的餐席上，啤酒和香肠这两样通常少不了。

巴伐利亚餐

土耳其
东西兼备

土耳其饮食既有东方的神韵，也有西方的特点。土耳其人喜欢面包、奶酪、肉食和咖啡，也离不开风味强烈的香料。

烤肉串

印 度
注重调味

由姜黄、胡椒和茴香等几十种材料混合成的咖喱是印度人的心头好，他们几乎在每道菜里都会添加这种调味品。

咖喱卷饼

西方的饮食习惯

西方人以面包为主食。牛排、火腿等高蛋白的食物是主菜，蔬菜和水果是配菜，甜点和酒类也经常出现在餐桌上。

日本

重视时鲜

日本饮食讲究艺术性和优雅感，精致小巧的寿司是日本人的最爱。此外，日本人认为时鲜最有营养，他们喜欢生吃食物，不仅生吃蔬菜、鸡蛋，还生吃鱼肉、牛肉等。

寿司

东方的饮食习惯

亚洲菜系普遍比较相似，米饭和面条是主食界的“扛把子”，蔬菜是一大主菜，而非配菜。东方人烹调时还特别注重配料的使用，以及不同口味的搭配。

美国

简单随性

美国人的饮食很简单：早餐通常是牛奶泡麦片，搭配抹了果酱的面包。中午就吃个夹肉的三明治或夹香肠的热狗，喝杯咖啡或可乐。

热狗和可乐

北美洲

中国

药食同源

中国饮食注重养生，枸杞子、山药和黑芝麻等既是食物，也是药材。中国人习惯吃熟食，几乎所有的家庭都围桌同食。

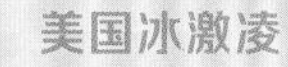

南美洲

洋 洲

帕夫洛娃蛋糕

墨西哥巧克力

澳大利亚

品类繁多

澳大利亚物产丰富，食物品类繁多。由于居住着世界各地的移民，在那里人们很容易就能品尝到各个地方的美食。

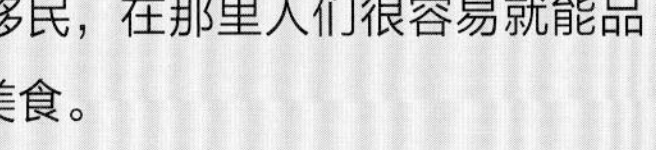

洲

吃遍中国菜

汤圆是吃甜的还是咸的？月饼是吃浆皮的还是酥皮的？粽子是吃红豆馅儿的还是猪肉馅儿的？ 每逢传统节日到来，人们便会热热闹闹地“争吵”一番。中国饮食文化源远流长，各地的饮食也大不一样。

川菜代表：毛血旺

一方水土，一方特色

中国幅员辽阔，各地有着不同的地质条件、气候特点、物产资源、历史文化，在饮食烹调和菜肴品类方面，逐渐拥有了各自的特色。唐宋时期，南食和北食两大风味派别渐渐形成。到了清朝初期，鲁菜、苏菜（以淮扬菜为代表）、粤菜和川菜一跃成为最有影响力的地方菜，后来被合称为“四大菜系”。到清末时期，一些地方菜“自立门户”，自成一派，浙菜、闽菜、湘菜和徽菜有了名号，它们与“四大菜系”一起，共同构成了我们所熟知的“八大菜系”。

四川菜系（川菜）

口味：麻辣

麻婆豆腐、麻辣火锅、辣子鸡丁……光听这些川菜的名字，我们似乎就能感觉到麻和辣。的确，川菜的烹饪离不开三香（葱、姜、蒜）和三椒（辣椒、胡椒、花椒）。

湖南菜系（湘菜）

口味：香辣

和川菜馆一样，湘菜馆在全国各地的大街小巷随处可见，人们很难抗拒湘菜的“重口味”诱惑。除了香辣的口感，湘菜还拥有浓郁的酸味。

湘菜代表：剁椒鱼头

粤菜代表：白切鸡

广东菜系（粤菜）

口味：鲜香

在国外，粤菜是中国的代表菜系之一。粤菜品类繁多，做法复杂而精细，口味偏清淡，又不失鲜美。用料十分广泛，会选择一些特别的食材，如蚕蛹。

徽菜代表：毛豆腐

山东菜系（鲁菜）

口味：咸鲜

鲁菜起源于山东的齐鲁风味，历史十分悠久。山东人喜欢用盐来提鲜，也爱好浓汤。他们还擅长控制火候，将炒糖和拔丝技术运用得炉火纯青。

浙江菜系（浙菜）

口味：清淡

浙菜特别注重食物本身的味道，齐聚了杭州、宁波、绍兴、金华等4个地方的风味。制作浙菜时，原料的选择十分讲究，烹调过程也烦琐复杂。

苏菜代表：狮子头

江苏菜系（苏菜）

口味：清淡

苏菜追求美感，会在菜品的造型上苦下功夫。苏菜口味比较平和，汤浓而不腻，咸中还会带点甜。

安徽菜系（徽菜）

口味：鲜辣

徽菜里的明星菜都有一点臭，如毛豆腐和臭鳜鱼。徽菜还喜欢用火腿调味，家家户户都擅长制作火腿。明清时期，徽菜一度成为八大菜系之首。

福建菜系（闽菜）

口味：鲜香

闽菜刀工精巧，调味独特。由于福建临海，食材多以海鲜为主，烹制出来的菜品味道鲜浓。福建还是著名的侨乡，华侨带回的新食品也丰富了闽菜的菜品。

金灿灿的谷物

约 1 万年前，一些先民为适应自然环境，他们找到合适的聚集地，暂时定居下来。在住所附近，农田被开垦出来。大麦、小麦和水稻都是先民喜欢种植的作物，被统称为谷物。一直到现在，谷物都是全世界重要的粮食作物。不管是米饭、馒头，还是面包、面条，用谷物制成的食品几乎每天都会出现在我们的餐桌上。

偏爱水乡

在中国南方，人们把水稻当作主食，这与南方密布着大小不一的河、湖不无关系。在有水且温暖的地方，水稻生长得非常快，不出半年，就可以经历从发芽、开花到结果的过程。传统水稻种植是一项十分辛苦的工作，水稻的种子发芽后，人们要把秧苗拔出来，手工分苗，然后弯着腰把秧苗插到水田里。

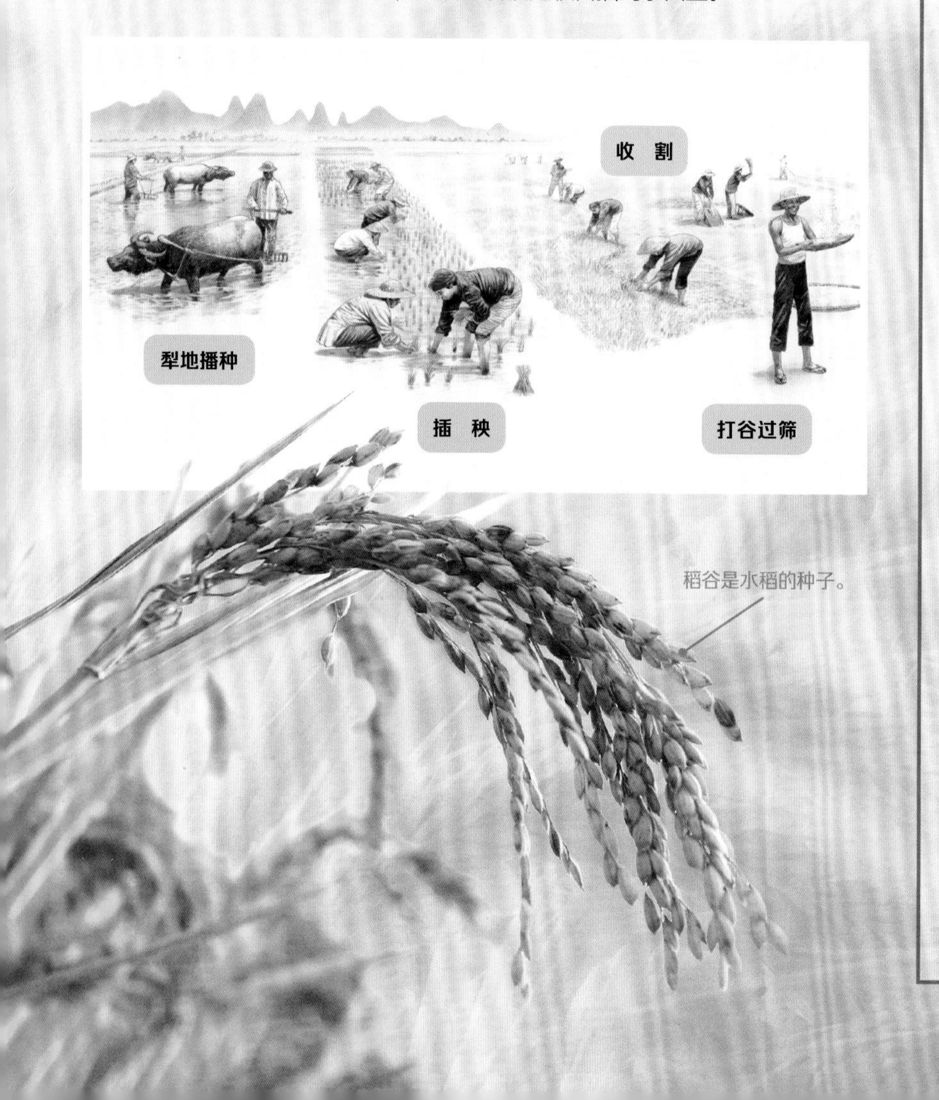

稻谷是水稻的种子。

稻谷“变形记”

白花花的稻米（又称大米）在加工之前，都穿着一件金灿灿的外衣，也就是谷壳；外衣之下，还有一件轻盈的浅色马甲——谷皮。稻谷被送进轰隆隆的砻谷机后，外衣会顺利脱落，变身为浅棕色的糙米。不过，为了拥有更好的口感，糙米还会被脱去马甲——碾去谷皮。在此期间，宝贵的胚芽也常常被一起碾去了，最后，就得到了精米。

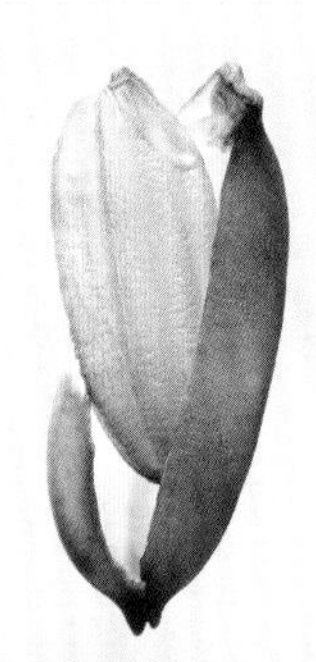

稻谷里的营养成分大多集中在胚芽里。没了胚芽，稻谷便再也不会发芽。

各式各样的水稻

大多数时候，我们看到的稻米是浅白色的。实际上，科学家早已通过杂交等技术，培育出了彩色的水稻。不过，相较于颜色，人们更习惯按品种来区分各式各样的水稻。在中国，最常见的水稻有粳稻和籼稻两种。粳稻拥有更圆润的身躯；籼稻身材细长，需要长时间蒸煮。

籼米　　粳米　　黑米　红米

杂交水稻之父：袁隆平

中国农业科学家袁隆平（1930—2021）一生致力于杂交水稻技术的研究、应用与推广，为全国乃至全世界的粮食增产做出了杰出贡献。1976—2020年，全国累计种植杂交水稻面积达6.13亿公顷。

谷物大家族

小麦、玉米和水稻一样，为世界各地的人们所青睐。谷物的食用方法很多，人们除了直接食用加工后的种子（如大米和玉米粒）以外，还会把谷物磨成粉状，制成面粉、玉米粉或米粉。然后，人们就可以发挥创意，将它们制成各种美味：面条、馒头、米线……谷物不仅能填饱我们的肚子，有些谷物还有别的用处。比如，玉米毕生积蓄了大量油脂，我们可以把它榨成玉米油；玉米和大麦经过发酵等工艺，可以摇身一变成为供人们饮用的蒸馏酒。

有些谷物不仅可以供人类食用，也可以作为动物饲料喂养家畜，如大麦。玉米的一些品种甚至只能给动物食用。

水稻是最流行的主食之一。

我们常把燕麦做成麦片或麦片粥吃。

人们常用大麦制作茶或酒。

用荞麦磨成的粉适合做馒头。

在中国北方，人们喜欢用高粱制酒。

用小麦磨成的面粉有着广泛的用处。

从豆荚里蹦出来

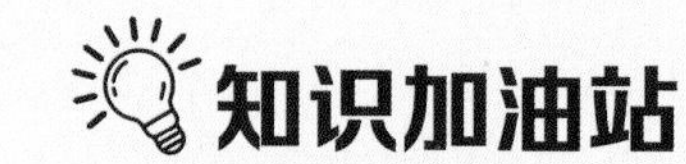

知识加油站

就营养价值来说，豆浆几乎可以替代牛奶。它含有的蛋白质非常丰富，可以提供人体必需的 9 种氨基酸。

“种豆南山下，草盛豆苗稀……”从古时起，豆类就频繁地出现在中国的诗词歌赋里。小小的豆子仿佛有灵性一般，每逢成熟的季节，倘若无人采摘，便会从豆荚里蹦出来，跌落在泥土地里，然后休眠一段时间，等待萌芽的时机。各种各样的豆子，在被人们发现和加工后，成了美味的食物。

绿色的房子

豆科植物的种子，也就是豆子，都拥有一间舒适的住房——豆荚。豆荚大多是绿色的，有的细长，有的扁平，有的弯弯曲曲。一粒或者多粒种子整整齐齐地躺在豆荚里，争相吸食豆荚所提供的营养。所以，即便来自同一个豆荚，它们的个头也会有所差异。

小豆（又称红豆）种子的萌芽过程

大豆的魔法

豆类中，最为常见的非大豆莫属。人们称尚未成熟的大豆为毛豆，毛豆是绿色的，成熟后则变成黄色（或黑色），这时人们称它为黄豆（或黑豆）。人们发挥聪明才智，开发出了黄豆的各种吃法，以充分利用它所蕴含的蛋白质和油脂。除了用来炖汤、油炸，人们还会把黄豆碾磨成浆，制成豆浆、豆腐等，甚至用黄豆制作大豆油、豆豉、酱油等调味品。

同居的小生物

豆科植物不仅是我们餐桌上的美食，也是土壤的“福星”。豆科植物的根部居住着数不清的微生物。其中，名叫根瘤菌的小家伙正在大口吸入空气里的氮气，排出含氮的养分。这些含氮养分不仅可以“喂”饱植物细胞，还能被输送到土壤里，让土壤变得更加肥沃。

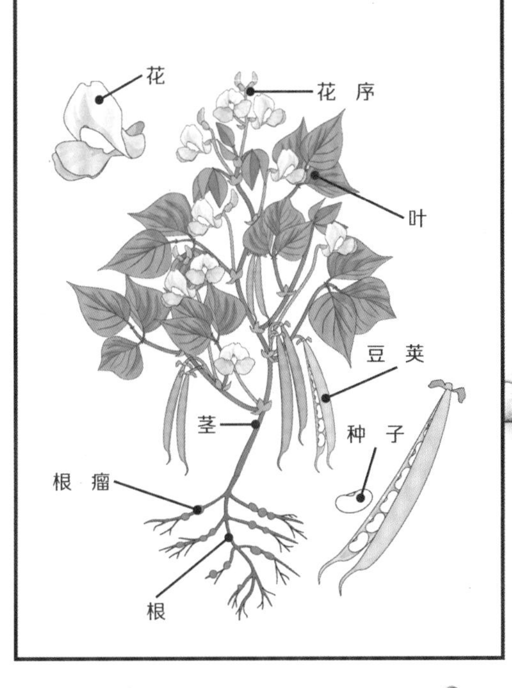

豆科家族

倘若细数豆科植物的种类，10 根手指都不够用，豌豆、菜豆、蚕豆甚至花生都属于豆科植物。尽管豆科家族的成员模样相似，但它们各怀技能，可以被做成不同的美味。

大　豆

外貌：年轻时，大豆喜欢穿一身毛茸茸的绿外套，等老了才换上黄色或黑色的外衣。

技能：糟毛豆、凉拌毛豆、黄豆酱。

豌　豆

外貌：豌豆的豆子圆滚滚，非常小巧，紧密地排列在豆荚里。

技能：清炒豌豆芽、炒豌豆。

扁　豆

外貌：扁豆年轻时其貌不扬，等到成熟后，荚果会“镀”上一层紫红色。

技能：扁豆干、腌扁豆。

豇　豆

外貌：豇豆荚比面条长，也比面条粗，一颗颗豆子就像一个个迷你肾脏。

技能：清炒豇豆、酸豆角。

蚕　豆

外貌：蚕豆的“外套”（荚果）又厚又肥，可惜它们不能食用。其豆子的个头也很大。

技能：清炒蚕豆子、五香豆。

菜　豆

外貌：菜豆的荚果大多是绿色的。不像豇豆那般瘦长，菜豆的身材更加匀称。

技能：清炒菜豆、干煸菜豆。

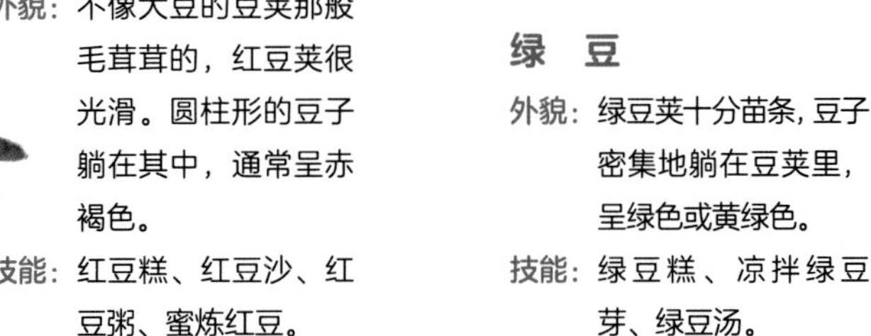

红　豆

外貌：不像大豆的豆荚那般毛茸茸的，红豆荚很光滑。圆柱形的豆子躺在其中，通常呈赤褐色。

技能：红豆糕、红豆沙、红豆粥、蜜炼红豆。

绿　豆

外貌：绿豆荚十分苗条，豆子密集地躺在豆荚里，呈绿色或黄绿色。

技能：绿豆糕、凉拌绿豆芽、绿豆汤。

多彩的蔬菜

什么东西我们每天吃得最多？是米饭、蔬菜，还是水果？其实，谷物和蔬果都是植物的某个部分。稻米来自植物的种子，豆荚是植物的果实，萝卜是植物的根茎，白菜是植物的叶子。大自然真是慷慨大方，它赐予我们五彩缤纷的食材，让我们变得聪明、健康。

浑身都是宝

如果你细心寻找，会发现菜园里的色彩并不比花园里的少。红色的辣椒、橙色的南瓜、紫色的茄子、绿色的西芹、白色的花菜……有些蔬菜你只能看见它们的叶子，供我们食用的部位可能埋藏在泥土里（如萝卜和土豆），也可能隐身于浅水里（如莲藕和荸荠）。大多数时候，我们只吃植物的叶子、根茎或果实中的某一部分。有些特殊的食物浑身都是宝，比如莴苣的叶子和根茎都能被做成美味的菜肴；荷花的果实（莲蓬）和根茎（莲藕）也都可以食用。

各式各样的蔬菜

大多数蔬菜是草本植物，也有少数蔬菜是木本植物或菌类。蔬菜富含维生素、无机盐及其他化学物质，能帮助我们的身体成长得更健康。

根类蔬菜

根类蔬菜拥有肥大的肉质根，这里贮存着充足的营养。把胡萝卜和白萝卜洗干净，就可以直接食用，味道甜滋滋的。根类蔬菜喜欢偏凉的气候，以及肥沃、疏松的土壤。

果实类蔬菜

果实类蔬菜拥有丰富的种类，有的是大块头，有的是小个子。不过，它们的结构很相似：外层包裹着起保护作用的果皮，里面是肥厚的果肉，果肉里夹杂着种子。等果实成熟了，一部分种子被剥离出来，用来繁衍下一代。

花类蔬菜

花椰菜、西兰花、洋蓟都是植物的花。由于长着肥厚的花球或花蕾，它们成了不可多得的花类蔬菜。仔细数一数，花椰菜的一个花球主干上有50～60个小花球。如果我们不去采摘，花球顶端会开出些许小花朵。

叶类蔬菜

叶类蔬菜是最常见不过的蔬菜了。几乎所有的植物都有叶子，能食用的叶子也不可胜数。这些叶子通常是绿色的，因为绿叶植物的叶肉细胞中有负责给植物生产营养物质的叶绿体，叶绿体里有叶绿素。如果你用显微镜观察叶子标本，会看见绿色的叶绿体。

茎类蔬菜

茎是植物输送、贮存养分的部位，它们一般呈管状，直立于地面向上生长。可是，供我们食用的茎类蔬菜的茎往往呈球形，它们深埋在地下或水下，人们称之为变态茎。这类蔬菜包括风味强烈的洋葱、大蒜，还有软糯可口的马铃薯和芋头。

特别的蔬菜

还有一种蔬菜十分特别，它们没有根和茎，也没叶子、花朵和种子。这种蔬菜由许多微小的真菌构成，是微生物界的“巨人”。别害怕，它们很安全，吃起来也很鲜美。不过，我们只能吃市场上卖的菌类，自己在外面采摘的野生菌也许会有毒哟。

种子类蔬菜

各种各样的豆子都是种子，它们藏在豆荚里。有些豆荚可以直接食用，如扁豆、豇豆和四季豆；有些豆荚只有其中的豆子可以吃，如大豆、蚕豆和绿豆。不只是我们人类，有些动物也爱吃豆子。

水果盛宴

水果五彩缤纷，酸酸甜甜，可以直接食用，也可以做成果酱。我们所吃的水果是植物的果实。为了把种子传播到更远的地方，植物把丰富的养分输送给果实，并把它们奉献给动物和人类。

知识加油站

一朵花成功受精后，它的子房就开始发育。子房的外壁形成果实的果皮。其中，中果皮或内果皮往往肥厚多汁，成为可供我们食用的果肉，而用来繁衍后代的种子则藏在果核里。

梨　果

有些水果一点也不简单，它们并非由子房独立形成，而是融合、吸收了花朵的“精髓”，它们被叫作梨果。仔细观察一下家里的苹果，你会看见它的底部仿佛有 5 瓣浅绿色的萼片，它们是花朵的残余。因为不按常规发育，梨果也是一种假果。

苹果的故事

在《圣经》里，上帝按照自己的模样用泥土造人，取名为亚当，又趁亚当沉睡时，抽取他的一根肋骨，创造了他的妻子夏娃。亚当和夏娃原本生活在伊甸园里，可因为偷吃禁果，被驱逐出园。人们普遍认为，故事里的禁果就是苹果。

枇　杷

浆　果

晶莹剔透的葡萄摇身一变，就成了沁人心脾的琼浆，这是浆果的特色。在迈向成熟之际，浆果把心血倾注在中果皮和内果皮里，两者融为一体。相比之下，浆果的外果皮要薄得多，还带有鲜亮的色彩。在浆果家族中，香蕉是个特别的家伙，它不喜欢身上湿漉漉的，所以没有积攒太多水分。

番荔枝

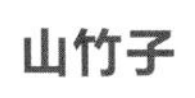

山竹子

葡　萄

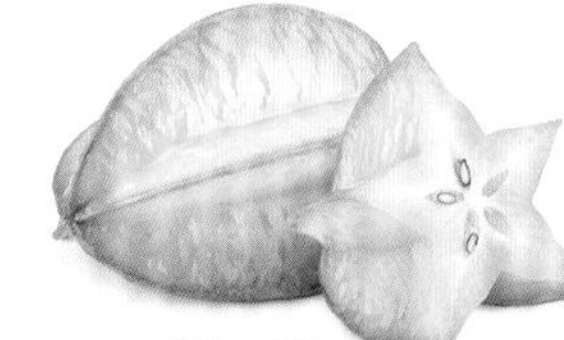

阳　桃

香　蕉

鸡蛋果

蓝莓的传说

在中国的古老传说中，蓝莓是长白山天池的龙女，为了保护百姓，她与妖怪搏斗，献出了生命。龙王日日以泪洗面，视力逐渐衰退。龙女托梦给龙王，让他思念自己的时候就吃几颗长白山上生长的紫黑色果子。不久，龙王的视力恢复了。于是，这种果子被命名为蓝莓。

柑 果

柑果拥有坚韧的革质外果皮、疏松的纤维状中果皮，以及甜美多汁的内果皮——果肉。内果皮被划分为一个个小“房间”。每个“房间”由透明的“膜”包裹区隔，里面可以住多粒种子。

核 果

核果最中规中矩，它们由子房发育形成，通常只有一枚硕大的木质核，核内藏着一粒种子。核果的外表皮很薄，中果皮是可口的果肉。樱桃、水蜜桃、杧果等核果最受欢迎。

特别的水果

前面大多数水果都由单独的一朵花发育而成，而草莓是由聚伞花序中多朵花的心皮发育而来的。草莓上那些密布的“小麻子”，其实是集生于红色花托上的果实。

农场里的住客

为了获得美味的肉食，我们的祖先曾经历过一段漫长的狩猎和游牧生活。后来,人们安定下来,畜牧耕种。渐渐地,传统农场出现了。在农场里，农民饲养家畜和家禽，获取肉、蛋、奶等食物。这些动物有些住在草原上、小河边，有些住在篱笆内、棚子里。

22天

一只受精的鸡蛋，要孵化20~22天，才会变成鸡宝宝。

住在棚子里

过去，住在农村的人只要听到公鸡的啼鸣声，就知道天快要亮了。一个鸡舍里通常只有一只或几只公鸡，它们享受着至高无上的“家庭权力”。陪伴着公鸡的是成群的母鸡，它们过得非常自在，每天重复着觅食、散步、睡觉、下蛋的生活。一部分鸡蛋被人们拿走当作食物，还有一部分留着孵化小鸡。破壳而出后,小鸡历经 5 ~ 8 个月长大，之后，成熟的母鸡也会像自己的妈妈一样，每天下蛋，孵化自己的宝宝。

鸡长大或老去后，会被宰杀，做成鸡肉。鸡肉营养丰富，含少量脂肪，因此深受人们喜爱。和鸡肉相比，鸡蛋的营养密度更高，所以鸡蛋也被人们广泛食用。

知识加油站

传统农场里有很多房子：动物住的屋棚或舍院、摆放着机器的粮仓和农夫休息的住宅。住宅周围有大片的田地，里面种着水稻、小麦或玉米，旁边还有菜园和果园。每天，农夫喂养家里的动物，在田地里忙碌。家里的机械可以帮助他们完成繁重的体力劳动。

羊群在山坡上吃草。

羊圈建在平坦的草原上，每天早晨，只要圈门被打开，羊就会排着整齐的队走出来。

住在草原上

鸡、鸭所需的活动范围很小，但牛、羊需要更大的生活空间，所以，它们常常住在广阔的草原或山坡上。山羊生性活泼，每天的活动半径达 6 千米，跑、跳、登高是它们的拿手好戏。在山坡上，山羊喜欢攀爬岩石陡坡，甚至悬崖峭壁。尽管危险重重，但它们总能因此吃到更丰富鲜美的食物。牧羊人深知山羊的习性，每天一大早，他们就会打开羊圈的门，带着羊群去远行。因为好动，山羊练就了一身肌肉，所以羊肉吃起来十分紧实。

花式吃羊肉

人们饲养羊，最主要是为了获得羊肉和皮毛。羊肉有很多种吃法，以涮、烤、煎最为常见。大量油和香料的使用可以有效地淡化羊肉的膻味，而只保留其鲜香。

煎羊排

烤羊肉串

烤羊腿

鸡每天结伴出行，在宽阔的草地上寻找食物。每当找到虫子，它们就能大快朵颐。如果运气不好，它们就会饿肚子，所以农家人还时不时会准备一些它们爱吃的青菜或谷物，供其享用。

参观动物的家

家畜和家禽的生活习性各不相同，因此，它们的理想居所也不一样。

鸭的家

鸭和鹅很像，喜欢游泳，它们的家常安在小河边或池塘里。

鸽子的家

鸽子的家非常简单，可以是一个箱子或一个笼子，因为它们大部分时间都待在户外。

猪的家

每一只猪都有一个小“房间”，它们互不打扰，也不用争抢食物。

牛的家

牛棚常建在草原上。牛喜欢吃草原上的嫩草，也喜欢吃农夫囤积的干草。

美味的奶

所有的哺乳动物，比如奶牛、猴子、大象等，一旦生下孩子，就会分泌乳汁（又叫奶），来哺育自己的宝宝。奶营养丰富，是人类重要的食物来源。牛奶因为产量高，所以被人们广泛享用。喝不完的牛奶被人们制成奶油、黄油和干酪（又叫芝士）。

奶牛的乳房里装满了乳汁。

人工挤奶

牛奶从哪里来？

世界各地的人都在饲养奶牛以获得牛奶。一头奶牛每天可以产出 30 多升奶。为了产奶，奶牛每天要吃很多草，它们一天的食量是 40 ~ 50 千克。奶牛一生下小牛，就会开始大量产奶。当奶牛的乳房里装满了乳汁，技术娴熟的挤奶工会手动挤奶，也会借助吸奶机，把奶从牛的乳房里吸出来。收集起来的牛奶被装上卡车，统一运往乳品厂。

吃进去的是草，挤出来的是奶

当我们喝着香喷喷的牛奶，我们也许会好奇：为什么牛吃进去的是草，产出的却是奶？这要好好感谢住在牛体内的微生物！和人类不同，牛有 4 个胃。牛的瘤胃就像一个大大的储存库，里面既没有氧气，也没有胃酸。一群擅长分解纤维素的小家伙“定居”于此，分泌出特殊的酶，把草里面的纤维素变得很小很小，还释放出一大堆有机酸，供牛吸收。被初步分解的纤维素穿过网胃和瓣胃，最后到达皱胃，那里充满了胃蛋白酶。胃蛋白酶十分厉害，能把草料变成牛容易被吸收的养分。这些养分随着血液循环来到乳腺，由乳腺上皮细胞加工变成乳汁。

❶ **食管**：食管运输来自口腔的食物和反刍的食物。

❷ **瘤胃**：瘤胃是牛的第一个胃，又叫草肚，容量很大，常常被草填满。

❹ **瓣胃**：瓣胃又叫百叶，上面密密麻麻分布着大小不等的叶瓣，负责拦截和磨碎粗糙的食物，再将稀释了的流食送入皱胃。

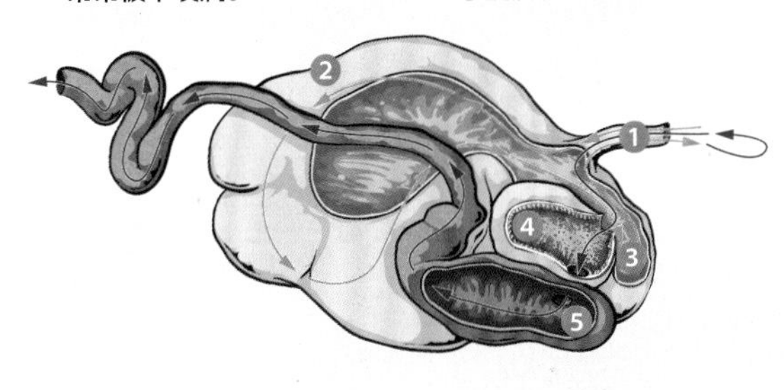

❸ **网胃**：网胃像个大筛子，可以过滤被牛误食的石子。没被充分咀嚼的食物会从网胃出发，重回口腔。

❺ **皱胃**：皱胃是牛真正的胃，那里充满酸性很强的消化液。它们将食物充分消化分解，使其变成易被吸收的养分。

给鲜奶灭菌

鲜奶带有淡淡的腥味，却又十分浓郁可口，这吸引了周遭的细菌大量入侵。它们疯狂繁殖，导致鲜奶很快变质。变质的鲜奶不能再食用，所以，人们必须想方设法消灭牛奶里的细菌。19 世纪，法国微生物学家巴斯德发明了巴氏消毒法，这种方法一直沿用至今。经过灭菌的鲜奶会被装瓶运往商场，或者进入下一步加工处理。

巴氏消毒

制作干酪

各式各样的乳制品

牛奶里的脂肪含量很高，这种脂肪叫乳脂。为了让奶更易消化，人们会对奶进行脱脂处理。全脂奶里含有大量的脂肪，所以口感很浓郁，半脱脂奶里只保留了部分脂肪，所以味道相对清淡。将奶静置一段时间，稀奶油就会浮起来。乳品厂通常用离心机分离奶制得稀奶油。强力搅拌之后的稀奶油会变成黄油。现在，人们广泛使用全自动机器提炼黄油。此外，奶还可以被制成干酪和酸奶。

用吸奶机吸奶

在湖泊里围网养鱼是比较常见的渔业生产方式，不过要经过相关部门批准才行。

现在，依然有一些小农户开辟鱼池喂养鱼类。

水中食物

陆地上的食物种类极为丰富，水里的食物种类也不逊色。鱼类是最普遍的水产品，常常出现在我们的餐桌上。贝类和甲壳类食物也为人们所喜爱，它们大多生长在海里，所以沿海城市的居民经常食用。海里的鱼大多是野生的，淡水鱼更容易人工喂养。

拥有一片鱼池

江水和湖泊中也生长着各式各样的鱼类，它们被称为淡水鱼。野生的淡水鱼要由渔民捕捞之后，才能流入市场。有些养殖人员会特地挖出一片鱼池，或经批准后在湖边用网圈出一小块地方，用来养殖鱼类。每年，养殖人员都会往鱼池里撒足够多的鱼苗，然后，每天不辞辛劳地喂饲料或是鱼草。这些鱼类因为产量很高，捕捞的难度小，所以价格一般比海鱼要低。

贝类、虾蟹

水里或岸边还生活着贝类和虾蟹类动物。不像鱼类那样灵活自如，它们喜欢安静地待在一个地方，只是偶尔活动。因此，人们捕捞它们的方式也有所不同。扇贝沉在水底，把铁网放到它们身下，就可以将其从水底捞起。龙虾和螃蟹稍微活跃一些，人们把装有鱼肉的笼子放在水下，等龙虾和螃蟹钻进笼子里，便关上笼子的门。牡蛎的养殖方法有些特别，渔民把小牡蛎装进一个个网笼里，等待 1 ~ 2 年，直到它们长大，再运往市场。

拖网捕鱼可以由两艘船一起合作，也可以由一艘船独自完成。

渔民的收获

很多滨海而居的人以捕鱼为生。为了捕鱼，渔民有时要出海很多天。有些拖网渔船后面连着一件大大的网具。到达理想的捕鱼点后，渔民放下网具，再往逆水流的方向行船，大大小小的鱼便纷纷钻进网里。比网眼小的鱼能从网眼钻出去，比网眼大的鱼却无处可逃。如果运气好，渔民能有丰厚的收获。他们把渔网里的鱼倒在甲板上，再分类装到不同的箱子里。近海捕捞的鱼很快会被卖掉，一些远洋捕捞的鱼则会在船上被冷冻起来。

兜满鱼的渔网被起重机吊起，再缓缓放到装载箱里。

知识加油站

贝类和虾蟹一般有坚硬的外壳，壳内是质地坚实而湿润的肉。它们的肉比我们常吃的牛肉、羊肉和猪肉等含有更少的脂肪和更多的胶原蛋白。

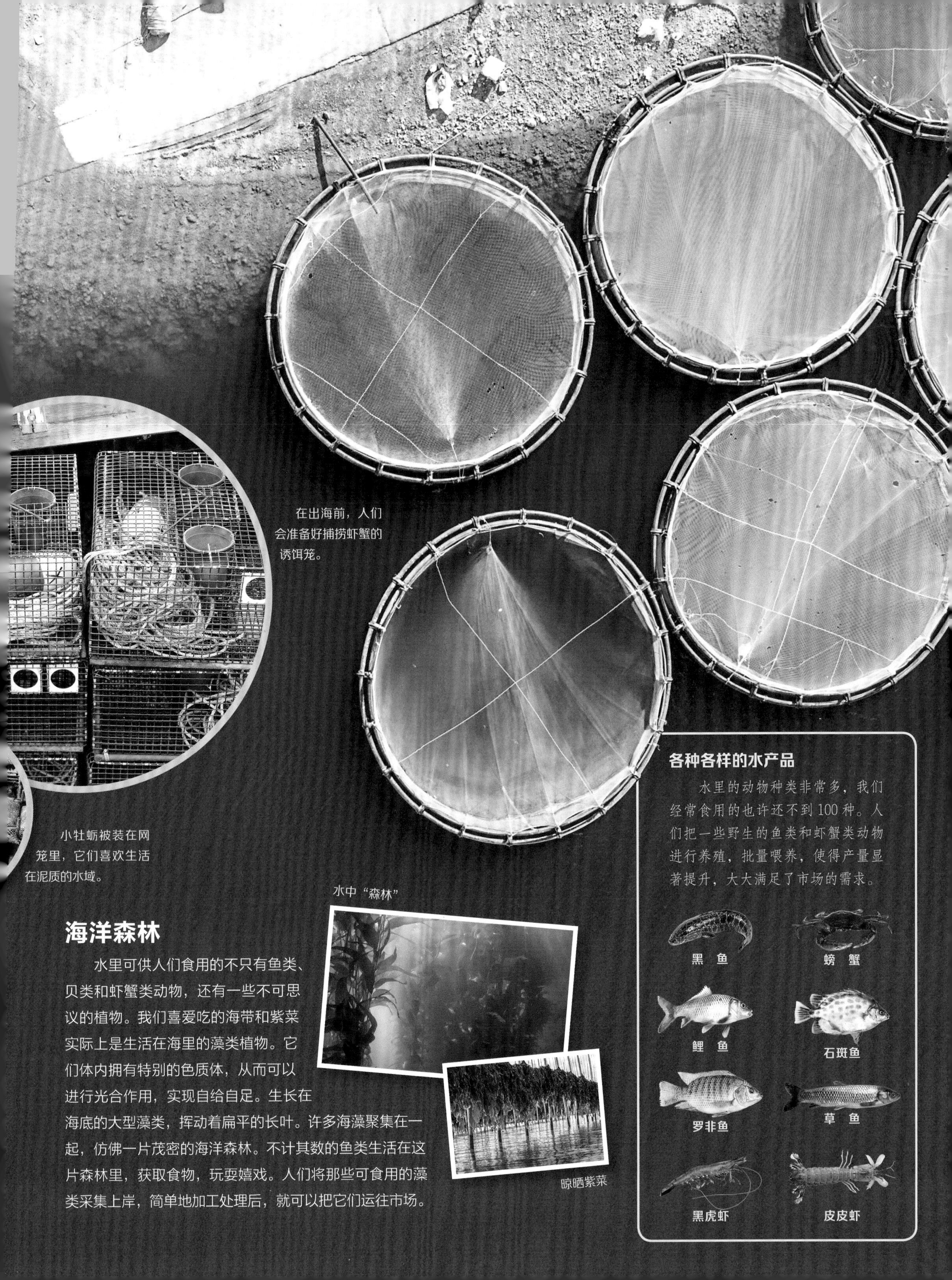

在出海前，人们会准备好捕捞虾蟹的诱饵笼。

小牡蛎被装在网笼里，它们喜欢生活在泥质的水域。

水中“森林”

晾晒紫菜

海洋森林

水里可供人们食用的不只有鱼类、贝类和虾蟹类动物，还有一些不可思议的植物。我们喜爱吃的海带和紫菜实际上是生活在海里的藻类植物。它们体内拥有特别的色质体，从而可以进行光合作用，实现自给自足。生长在海底的大型藻类，挥动着扁平的长叶。许多海藻聚集在一起，仿佛一片茂密的海洋森林。不计其数的鱼类生活在这片森林里，获取食物，玩耍嬉戏。人们将那些可食用的藻类采集上岸，简单地加工处理后，就可以把它们运往市场。

各种各样的水产品

水里的动物种类非常多，我们经常食用的也许还不到100种。人们把一些野生的鱼类和虾蟹类动物进行养殖，批量喂养，使得产量显著提升，大大满足了市场的需求。

黑　鱼　　螃　蟹

鲤　鱼　　石斑鱼

罗非鱼　　草　鱼

黑虎虾　　皮皮虾

让食物富有滋味

许多食物要经过烹饪之后才能食用。烹饪后，躲藏在食物里的有害微生物和虫卵被消灭殆尽，食物也变得鲜香美味。许多家庭在烹饪时会加入多种作料，有些地方的人还偏爱加香草。在享受这些美好的滋味时，我们的舌头和鼻子功不可没。

适量吃辣椒

辣椒所具有的不同辣度取决于辣椒素的含量。辣椒素在正常摄入时不会对身体产生损伤，但大剂量的辣椒素是一种神经毒素。

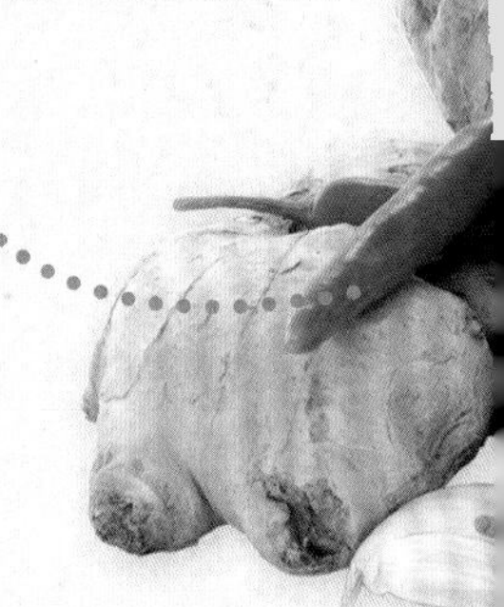

烹饪时发生了什么？

肉类食物富含蛋白质和脂肪，而水果和蔬菜含有更多糖类。在烹饪时，食物里发生了一连串不可思议的化学反应，无数的分子分解、重新组合，形成新的分子。比如，面包的芳香和色泽，烤鸭的焦香和口感，都来自让人着迷的美拉德反应。这种反应一旦发生，氨基酸（组成蛋白质的小分子）和一些小分子糖（比如蜂蜜里的糖）便激烈碰撞，如同变魔术一般，给食物“染”上一层漂亮的褐色，还赋予它迷人的香气和独特的味道。

讲究的盐

制盐的时候，人们会往里面添加少量含碘的化学物质。适当摄入碘可以有效预防甲状腺类疾病。

油

炒菜时，人们通常先往锅里倒入食用油。很多食用油来自植物的种子或果实，如花生、芝麻、亚麻籽、大豆、玉米、核桃、橄榄。经过研磨压榨、滤去残渣等工序所得到的黏稠液体就是油。油富含脂肪，所以一次不能吃太多。

健康的油

大豆油、玉米油、菜籽油和花生油是我们吃得最多的油，牛油果油、核桃油等则含有更多对人体有益的营养物质。

盐

和油一样，盐也是炒菜时不可或缺的调味品。少量的盐可以刺激我们的味蕾，增加食欲。陆地的岩石中含有大量的盐分，雨水的冲刷使它们溶于水中。大量的盐随河流汇聚在海洋里，好在聪明的古人发现了从海水中提炼盐的方法。慢慢地，制盐变成了一项重要的产业。

姜、蒜、辣椒

辛香料能刺激唾液的分泌，促进食物消化，所以很受人们喜爱。在中国，大部分家庭都备有辣椒、生姜和大蒜。辣椒的种类非常多，有的辣味十足，有的却有丝丝甜味。生姜是姜属植物长在地下的根，既能被当作调味品，也可以用糖蜜制，成为甜辣的下饭菜。

咖喱

咖喱由许多磨成粉末状的辛香料按比例混合而成。

卤料

卤料由许多植物晒干之后混合而成。它们有些是植物的枝干，比如桂皮；有些是植物的果实，比如八角、小茴香；还有些是植物的叶子，比如香叶。人们常用卤料来制作卤菜，把肉类、豆类制品浸入混有卤料的汁液，一段时间后，卤料的味道就会沁入食物中。

香草

一些人会使用香草来给菜肴和汤羹调味。香草的香气从枝叶里散发出来，即使将香草晒干保存，香味也可以留存很久。香草可以在烹饪过程中加入，也可以在起锅之后添加。

月桂　薄荷　鼠尾草　香芹　罗勒

风味“探测仪”

味道和气味共同组成食物的风味，影响着人们对食物的接受度和喜好度。酸甜苦咸鲜是我们普遍能感受到的基本味，只不过，有的人喜欢酸，有的人偏好甜。除了五种基本味之外，我们的舌头还能检测出一些没有被归为味觉的感觉。比如，当我们吃到辣的食物时，辣椒素刺激舌头上的疼痛和热感受器，引起灼热感。

酸

富含酸味物质的食物会产生大量氢离子，从而刺激味蕾。

甜

人体内的甜味受体可以敏锐地捕捉食物里的糖类。

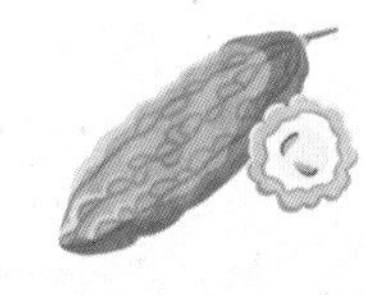

苦

人们对苦味特别敏感，可能是为了避免吃下有毒的物质。

咸

口腔里有可以检测出钠离子的感受器。最常见的盐是氯化钠。

鲜

鱼、虾、海藻等都是鲜味食物，因为它们富含谷氨酸单钠盐等鲜味物质。

食物变变变

早在几千年前，人们就发现了发酵这一神奇的现象，并制作出广为流传的面包和美酒。发酵实际上是一种十分简单的食物保存方法，几乎不需要我们付出任何代价，单靠微生物的“劳动”就可以实现。令人惊喜的是，大部分发酵食物不仅十分安全，还拥有一些神奇的功效。

神奇的保存“魔法”

世界上大多数人每天都在享用发酵食物。在中国，酱油、豆豉、腐乳等发酵制品十分常见，别看它们模样差别很大，却都由大豆“变身”而成。牛奶是另一种被广泛使用的发酵原料。几千年来，人们对牛奶钟爱有加，可无奈牛奶的保质期非常短，奶农为此伤透了脑筋。后来，人们掌握了发酵的方法，各种各样的奶制品相继诞生，如酸奶、干酪等，牛奶保鲜的难题迎刃而解。

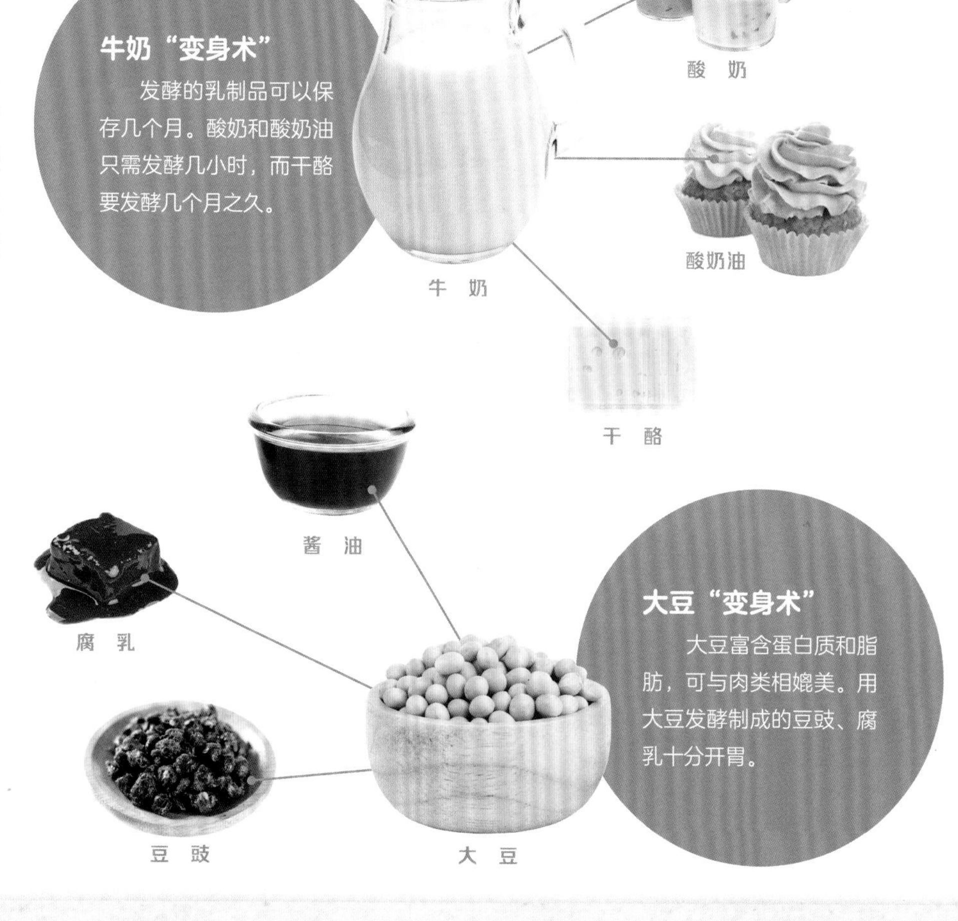

奇妙的食物保存法

为了延缓食物变质，人们想出了密封和冷藏保存法。除此之外，还有一些特别的方法也广为流传。比如，将鱼和肉腌制并风干，以阻挠细菌、霉菌的繁殖；通过烟熏鱼和肉，以产生大量抑菌物质，来防止微生物入侵。这些方法不但奏效，还让食物增添了风味。

塑造风味的功臣

发酵对食物风味的改变令人惊叹，而主要功臣非微生物莫属。在发酵过程中，微生物会吃下食物中的蛋白质、糖分，再吐出其他营养物质,也让食物变得更有风味。在中国北方，每到秋冬之际，人们会把家里吃不完的白菜做成酸菜。富含水分的白菜先被放在盐水里浸泡一段时间，喜好氧气的细菌便被隔绝在外。这时，厌氧的发酵微生物开始大显身手，它们吃掉白菜里的糖分，分解出结构复杂的酸和风味物质。于是，白菜幻化成了美味又不失营养的酸菜。

知识加油站

发酵过程中要避免其他微生物的“打扰”。在现代食品工业中，发酵罐被广泛使用。罐内的无菌系统可以把空气中的微生物隔离在外。

酸奶 DIY

在家里，你可以用酸奶机制作酸奶。要准备的材料很简单：一盒纯牛奶，一份酸奶发酵剂，以及一台经过消毒的酸奶机。如果没有发酵剂，也可以用现有的酸奶代替。

1. 将加入了发酵剂的纯牛奶倒入干净的酸奶机里。
2. 将酸奶机的温度调节到 35 ~ 40℃。
3. 等待 8 ~ 10 小时，酸奶就做好了。
4. 食用时，可以根据口味偏好添加水果、蜂蜜、麦片等。

长沙臭豆腐

长沙臭豆腐是一道传统特色小吃，在今天早已“臭”名远扬。它经由特殊的卤汁浸泡发酵而成。

平遥陈醋

这种食醋产自中国山西省的平遥古城。直到今天，当地人仍在作坊里用大醋缸酿造手工醋。

泸州酱油

在四川省泸州市合江县的酱油园里，数万口晒缸正散发着醇厚的酱油香。这种酱油晒露酿造技艺传承已久。

东北酸菜

进入深秋，东北人开始用新鲜的白菜制作酸菜。储存在地窖内的酸菜陪伴他们挨过漫长的冬天。

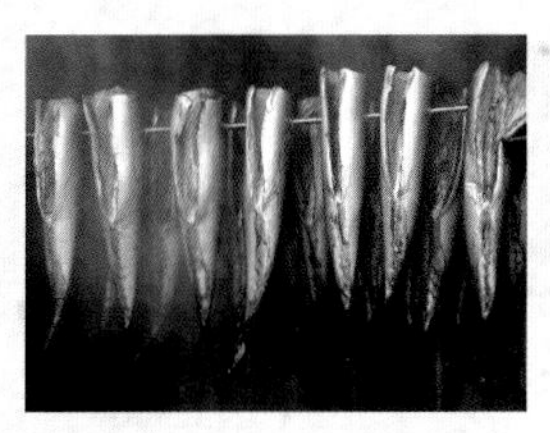

腌　制

进入腊月，许多家庭都会将鱼和肉先用盐腌制，然后晾干。

烟　熏

在中国的很多地方，人们逢年过节都会烟熏猪肉、牛肉或鱼肉。

罐　装

罐装食物的保存期很长，人们便把各式各样的食物做成罐头。

速　冻

冷冻加工厂将鲜活的海鱼切段、冷冻和包装，再运往全国各地。

干　燥

将新鲜的切片水果晾晒或烘干，就制成了保存期限更长的果干。

面包的由来

面包蓬松柔软、香甜可口，是男女老少都喜爱的食物。人们可以在面包店买现成的，也可以在家里自己烤制。很早以前，面包就诞生了。不过，那时的面包远没有现在这么多品种。如今，很多国家都把面包当作主食。

这件作品里，古埃及人正在制作面包等美食。

古埃及人睡着了，面包诞生了

古埃及人最早掌握了制作发酵面包的技术。传说大约 4 600 年前的一天晚上，有一个为主人做面饼的古埃及人，还没等面饼做好，就睡着了。夜里，生面饼开始发酵膨大。等他一觉醒来时，他发现生面饼居然比前一晚大了一倍。为了不让人知道自己夜晚偷懒睡着，他连忙把面饼塞进炉子里，没想到烤好后的饼又松又软。这就是面包的雏形。

不久后，古埃及人又发明了烤炉，把烤制面包变成了一门手艺。他们创造了几十种不同形状的面包，有圆形的、方形的、麻花形的……再后来，这门技术被古埃及人带到古希腊，接着又传到了古罗马。慢慢地，欧洲大陆开始广泛食用面包。19 世纪，随着搅拌机、面包整形机、电烤箱等相继被发明出来，面包业轰轰烈烈地发展了起来。

多亏了酵母菌

19 世纪，巴斯德等人发现了发酵的原理，破解了从古埃及传下来的发酵之谜：原来，空气中散布着数不清的菌类，酵母菌便是其中一种。暴露在空气中的面饼被酵母菌“发现”和“占领”，它们开心地吃着面饼里的糖分，分解出酒精和让面饼快速膨胀的二氧化碳气体。人们把膨胀的面团加热一段时间，便制成了松软的面包。

各式各样的面包

今天我们去面包店，可以看见各式各样的面包：球形的、环形的、长棍形的，白色的、黄色的、黑色的。面包技师还会发挥创造力，在面包里添加香料、火腿、肉松和其他配料。然而在过去，白面包是仅供上层权贵享用的奢侈品，普通人只能食用裸大麦制作的黑面包。一直到 200 多年前，麦类品种变得丰富，面包加工机械也越来越先进，花样繁多的面包才开始走进千家万户。

从麦子到面包

不管是什么类型的面包，它们的制作都离不开面粉。洁白的面粉由小麦磨碎加工而成；而黑麦磨碎后所形成的面粉是深色的。小麦籽实里的两个营养丰富的部位——胚乳和胚芽被我们广泛食用。籽实外层是坚硬的麦皮，籽实经磨碎过筛后，剩下的麦皮和碎屑叫作麸子。

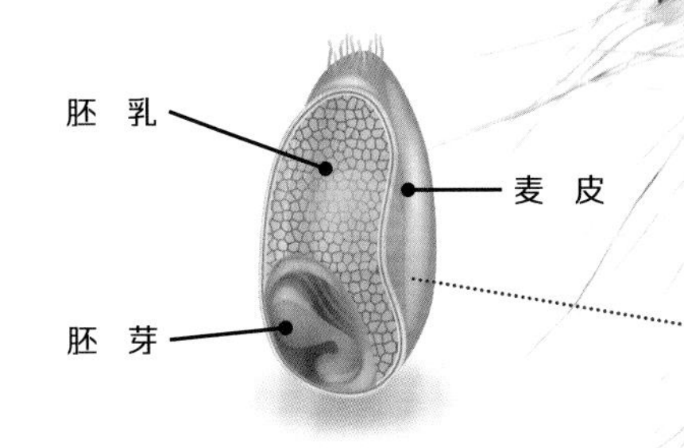

❶每年5~9月是小麦丰收的季节。收割好后的小麦籽实被统一运输到储存室里。

❷人们把小麦籽实倒入储存室，然后将其烘干，这样可以保证籽实几个月都不会发霉。

❸面粉厂的工人把小麦籽实去杂和磨碎，制成面粉。研磨的次数越多，得到的面粉也就越细腻。

❹不同种类的面粉在面粉厂打包装袋，接着被运往大大小小的面包厂和超市。

❺面包厂里热气腾腾，面包技师把面粉、酵母、水等原料按比例调配并搅拌均匀，揉成面团，等面团发酵好之后，再把它们捏成型。一切准备就绪，面团被送进烤箱。不一会儿，香喷喷的烤面包就出炉啦。

❻出炉的成品被运往大大小小的零售店，顾客只要光顾这些商店，就可以买到新鲜可口的面包。

豆腐的诞生

嫩豆腐、老豆腐、油豆腐、冻豆腐、豆腐脑儿、豆腐乳、臭豆腐……由豆腐幻化而成的美味佳肴数不胜数。和豆浆一样，豆腐也是用黄豆做成的。质地坚硬的黄豆，是如何变成水润的豆浆和软弹的豆腐的呢？

大豆成熟后，人们将豆荚采摘下来并去壳，就得到了黄豆。

传统的豆腐制作工艺延续至今，用石磨磨制的豆腐更加清香、味美。

豆腐：由来已久

作为一种传统养生食品，豆腐在中国已经诞生了2 000多年。据中国古书记载，豆腐最早由中国汉高祖刘邦的孙子——淮南王刘安发明。刘安在炼制丹药时，偶然用石膏点豆汁，得到了豆腐。宋明时期，豆腐文化广为流传，许多文人志士都成了豆腐的拥趸。比如，喜爱吃豆腐的北宋文学家苏轼，他亲自烹饪的一道豆腐菜肴被后人称作东坡豆腐。后来，每逢春节前夕，家家户户都开始张罗着做豆腐。“推磨做豆腐”，寓意祈福，代表人们对来年幸福生活的期盼。

传统做豆腐

“卤水点豆腐，一物降一物。”这句谚语家喻户晓。往煮沸的豆浆里加入盐卤，是制作豆腐的关键。北方人更多地延续了这一传统，制得的豆腐质地较老，叫作老豆腐（也叫北豆腐）。南方人则更习惯用石膏点浆，制出含水量更高的嫩豆腐（也叫南豆腐）。

1. 泡　豆

前一天晚上，将干燥的黄豆泡在水里。等到第二天，一粒粒豆子“喝”饱了水，全都胀大了。这时，轻轻一捏，豆子就能分成两瓣，它的外衣（种皮）也很容易剥离。

2. 磨　浆

把泡软的豆子捞出，慢慢倒入石磨的磨眼，然后推动磨杆。很快，白花花的豆浆汁穿磨膛而过，流入大桶里。

3. 滤　浆

研磨后的豆浆里满是豆渣，人们需要用细密的纱网将其仔细过滤一遍，获得较为纯净的生豆浆。豆渣也会被收集起来，做成豆渣饼或炒豆渣。

豆　渣

4. 煮　浆

将生豆浆倒入锅里，慢火熬煮，直到表面结出一层薄膜。经过高温熬煮，生豆浆里的微生物大多被消灭，豆腥味也减少了许多。

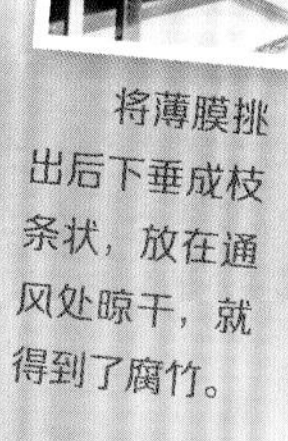

将薄膜挑出后下垂成枝条状，放在通风处晾干，就得到了腐竹。

5. 点　浆

点浆又叫点脑、点兑。人们一边往煮熟的豆浆里加入凝固剂，一边将其搅拌均匀。静置一段时间后，凝胶体逐渐形成。

豆浆煮开后，加入石膏或内酯，凝结成的半固体就是豆腐脑儿。

6. 压　制

趁热将凝胶体一勺一勺地舀入铺有纱布的模具里，在上面压一些石块等重物，把里面多余的水分压榨出来。

7. 成　型

取出模具里的豆腐，用细线轻轻按压，划出整齐的格子，再用刀小心切割，就得到了一块块豆腐。

豆　腐

8. 再压制

把豆腐用纱布包起来，码在木板上，再一层层垒起来，最上面压上重物，直到把豆腐压得很干很干，就制得了豆腐干。

豆腐干

从可可到巧克力

在人类食物的历史中，鲜有食物像巧克力那样，迅速征服全世界，受到无数人的喜爱。巧克力来源于南美洲热带雨林中野生可可树的种子可可豆。早在 3 000 多年前，玛雅人就开始种植可可树，如今可可树被广泛栽培于全世界的热带地区，中国海南和云南南部也有种植。

1. 采　摘

可可丰收的季节，农民从可可树上摘下成熟的果实。和我们想象的不一样，可可豆荚里的可可豆是白色的，外面还包裹着一层白色胶质。

可可豆荚

知识加油站

初见可可的果实时，人们只把它当作一种普通的野生果，将珍贵的可可豆抛弃了。几千年后，玛雅人开始人工栽培可可树，可可豆的用处也被广泛发掘。很长一段时间里，玛雅人还把可可豆用作计数的工具，甚至还把它当作钱币使用。

2. 发　酵

采收结束后，人们把可可豆剥出来，放置在一个木箱中，然后盖上香蕉叶，等它们发酵 2 ~ 12 天。经过一系列复杂的反应，可可豆褪去白色，变为棕色，还冒出一股酸味。

3. 晾　干

发酵后的可可豆会被放在太阳下暴晒。人们还会经常翻动豆子，确保它们干燥得均匀。重复几次之后，可可豆的水分便蒸发掉了，可可豆的酸味也逐渐散去。

4. 分拣包装

晒干后的可可豆经过人工分拣后，被装入麻袋中，运送到大型港口。巨型集装箱船载着它们，去往世界各地的巧克力工厂。

可可树的果实形似甜瓜，重量在 1.5 千克左右。剥开可可果，里面排列着 20 ~ 50 枚可可豆。

巧克力健康吗？

可可豆里有一种抗氧化物质对健康大有益处。遗憾的是，我们平时爱吃的巧克力中，可可的含量很少，添加的糖分却很多。

5. 精　选

巧克力工厂会先将可可豆仔细筛选一遍，去除碎豆子、树枝、石块和其他杂物，以确保原料优质。

6. 烘　焙

精选后的可可豆很快被送进烘焙机，不一会儿，可可豆独特的香气弥漫出来。用破碎机将烘焙好的豆子碾碎，再将其送入机器中进行风选，可可豆的细小外壳就都被清除掉了。

7. 磨　浆

接下来，将可可豆碎末慢慢倒入磨粉机进行磨浆。可可浆里含有丰富的脂肪——可可脂。可可脂几乎占可可豆一半的重量。分离出可可脂后，剩下的部分被制成可可饼。

8. 研　拌

最后，人们把可可饼和砂糖混合在一起，一边碾压研磨，一边用慢火加热。过不了多久，砂糖和可可颗粒会被研磨成粉状。加入牛奶和可可脂，充分搅拌，细腻顺滑、富有光泽的巧克力就诞生啦！

香浓的咖啡

咖啡和热巧克力一样，同为流行于世界的饮品。咖啡由咖啡豆加工而来，浅绿色的生咖啡豆经过烘焙这道“火之洗礼”后，转变为褐色的咖啡豆，迸发出浓郁的咖啡香气。

知识加油站

日常食用的咖啡、可乐、茶叶、巧克力、能量饮料都含有咖啡因成分。适量摄入咖啡因可以振作精神、改善疲劳，但如果长期大量摄入，人体的神经系统会受到损伤。

采摘

红色的小精灵

生长在常绿灌木或小乔木上的咖啡豆颜色殷红。采摘下来的咖啡豆会被去皮，去皮后的咖啡豆露出浅浅的绿色，等待着被送往工厂里的大型烘焙机中。

烘焙

从浅烘到深烘

鼓式烘焙机是目前主流的烘焙机。咖啡豆在烘焙过程中发生了一连串奇妙的化学反应。根据咖啡豆烘焙程度不同，制得的咖啡也不同，口感也因此各有千秋。

研磨

保鲜很重要

烘焙后的咖啡豆不能放置太长时间。最好是在烹煮或冲泡咖啡之前研磨豆子，因为磨成粉的咖啡容易因氧化而散失香味。

喝什么咖啡？

当你再长大一点，就可以经常去咖啡店。那里琳琅满目的咖啡饮品会让你难以抉择。浓缩咖啡好喝吗？你或许要谨慎一些，它醇厚的苦味可能会让你无法下咽，不过你也许会喜欢用它调配的各种咖啡。要知道，浓缩咖啡是各种咖啡的灵魂。

卡布奇诺

- 奶泡（多）
- 牛奶
- 浓缩咖啡

拿　铁

- 奶泡（少）
- 牛奶
- 浓缩咖啡

摩　卡

- 鲜奶油
- 牛奶
- 巧克力酱
- 浓缩咖啡

焦糖玛奇朵

- 焦糖
- 奶泡
- 牛奶
- 浓缩咖啡

爱尔兰咖啡

- 奶油
- 爱尔兰威士忌
- 浓缩咖啡

美式咖啡

- 水
- 浓缩咖啡

各式各样的茶

茶源自中国，中国人已经有 4 000 多年的饮茶史。现在，茶、咖啡和热巧克力并称世界三大饮料。人们对茶各有偏好，可不论是哪种茶，都能解热解渴、提神醒脑。

茶叶的品种

茶叶的品种是由采摘时茶叶的成熟程度和对茶叶的加工程度共同决定的。

绿　茶

成熟的叶子直接经杀青、揉捻和干燥，就制得了绿茶。绿茶属于不发酵茶。

乌龙茶

乌龙茶经半发酵而成，既有绿茶的清香，又有红茶醇厚的滋味。

黄　茶

黄茶的制作方式和绿茶有点像，只是在杀青、揉捻后多了一道“闷黄”的工艺。

白　茶

嫩芽或嫩叶经过萎凋和干燥两个简单的步骤，就得到了白茶，其口感与绿茶相似。

红　茶

红茶在制作时要充分发酵，其中的糖类会水解成可溶性糖，因此红茶尝起来有淡淡的甜味。

黑　茶

黑茶是中国特有的茶类。在揉捻之后，还要经过一次发酵才能制得黑茶。

茶叶的制作

不同的茶制作过程各有讲究，不过涉及的工艺大体相同。

采　茶

茶树新长出来的芽或叶是制作茶叶最好的原料。茶树一般生长在山上，栽种面积广大，成片的茶树需要投入大量的人力才能完成采摘。

萎　凋

将刚摘下的茶叶放在阳光下暴晒，让水分蒸发。青绿色的叶片失水后，会渐渐变色、变软，也会慢慢散发出独特的香气。

静置发酵

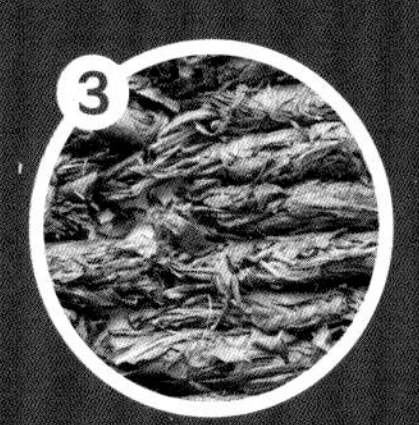

把茶叶放在温暖的地方，将其紧密地捆在一起。叶片彼此摩擦，内部结构遭到破坏，使得茶叶能充分地发酵。

杀　青

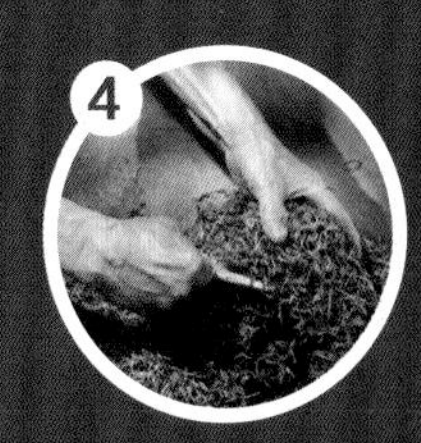

把发酵好的茶叶放入专门的炒锅或蒸锅中，利用高温破坏茶叶内部酶的活性，让茶叶不再继续发酵，以保留其特别的风味。

揉　捻

趁热将茶叶取出，用手反复揉搓带着温热的茶叶，每次揉搓20分钟，重复数次，挤出茶汁。如今，揉捻机可以代替人工完成揉捻。

干　燥

利用高温使茶叶中的水分蒸发得更彻底，以稳定茶叶的香气，也能延长保存期限。干燥好的茶叶颜色变深，也更具芳香。

迷人的酒

人们很早就发现了如何酿酒，酒让人欢喜也让人忧愁，让人害怕也让人上瘾。不过，我们只有等成年之后才能适度享用它。

最初的酣畅

最早，人们饮用由动物的乳汁发酵制得的奶酒，可这种酒只有游牧部落才能喝到。后来，人们发现野果的浆汁也很容易变成酒：果浆中富含的糖分被果皮上附着的天然酵母菌和空气里的酵母菌分解，就成了酒精。随着种植业的发展，更多人开始享用这种饮料，大麦、小麦、稻谷、葡萄等纷纷被拿来酿酒。选用的原料不同，酿造的方法不同，制得的美酒也就不同。

古希腊人用牛角杯喝酒。

希腊神话中的酒神：狄俄尼索斯

葡萄酒是古埃及人日常生活中不可缺少的一部分。

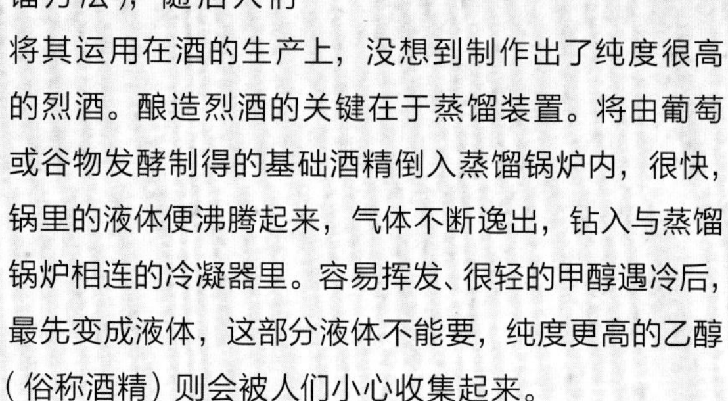

烈酒的流行

13 世纪，爱“折腾”的炼金术士掌握了精馏工艺（一种蒸馏方法），随后人们将其运用在酒的生产上，没想到制作出了纯度很高的烈酒。酿造烈酒的关键在于蒸馏装置。将由葡萄或谷物发酵制得的基础酒精倒入蒸馏锅炉内，很快，锅里的液体便沸腾起来，气体不断逸出，钻入与蒸馏锅炉相连的冷凝器里。容易挥发、很轻的甲醇遇冷后，最先变成液体，这部分液体不能要，纯度更高的乙醇（俗称酒精）则会被人们小心收集起来。

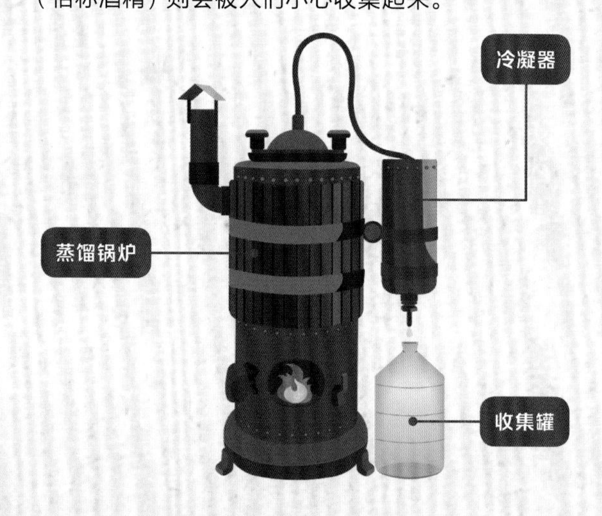

啤酒的诞生

啤酒的诞生几乎与谷物的驯化一样早。据说，游牧部落的牧民偶然发现，野生的大麦、小麦被浸泡在水中，会慢慢变成黏糊状。这种液体带有淡淡的黄色，里面充满泡泡，喝起来十分美味。为了能经常喝到这种液体，牧民开始大量收割野生谷物，并将种子保留下来，尝试人工栽培。后来，苏美尔人成规模地种植用于酿造啤酒的谷物，并开发出了酿造啤酒的工艺。慢慢地，酿造手段越来越多样，然而，一直到 15 世纪，人们才正式把啤酒花确定为啤酒的香料。

葡萄酒的酿造

“葡萄美酒夜光杯，欲饮琵琶马上催。”葡萄酒鼓舞古代战士一展壮志豪情。数千年来，人们对葡萄酒的热爱丝毫未减。相较于烈酒，葡萄酒的制作要简单许多。在丰收的季节，人们把成串的葡萄采摘下来，小心翼翼地运送到生产厂。然后，经由破碎、发酵、压榨等步骤，香醇的葡萄酒就制成了。因为不需要蒸馏提纯，葡萄酒的浓度并不高。正因如此，很多人认为葡萄酒更加健康。

❶采集装箱

将成熟的葡萄采摘下来，统一装箱。

❷破　碎

为了得到果汁，人们自己用力或借助机器破碎葡萄，获得葡萄皮与果肉的混合汁液。

❸发　酵

将混合着葡萄皮的汁液倒入酒槽，加入酵母搅匀，酵母菌把果汁中的糖转化为酒精。

❹压　榨

过滤、压榨发酵后的混合物，去除葡萄皮，提升葡萄酒品质。

❺熟　化

压榨后的葡萄酒被密封起来，存放在酒窖里，直到葡萄酒散发出独特的香气。

❻装　瓶

啤酒的灵魂

啤酒花是酿造啤酒不可缺少的原料之一，它赋予了啤酒独特的风味——迷人的苦涩和清爽的香气，被誉为“啤酒的灵魂”。

燃烧“卡路里”

如果我们长得太胖，就得“管住嘴，迈开腿”！保持充足运动量的同时，低热量饮食也很关键。

54千卡

91千卡

81千卡

20千卡

19千卡

24千卡

72千卡

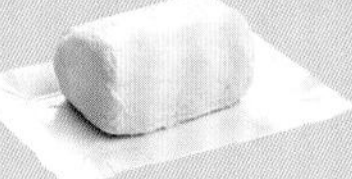

892千卡

472千卡

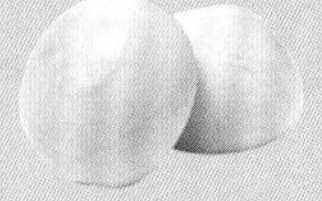

208千卡

*以上是每100克食物所含的热量。（1千卡=4.19千焦）

能量预算

食物进入人体后，会经历一段奇妙的消化之旅。它们最终变成有用的养分，混入血液中，随血流抵达身体各处的“驿站”。每一个“驿站”都有细胞工人勤勤恳恳地“燃烧”养分，生产能量。

奇妙的消化之旅

食物在嘴巴里停留的时间非常短暂，由牙齿碾碎后，被咽送入食管，紧接着，到达黑黢黢的胃里。胃里翻滚的酸将它们分解得更碎、更小。很快，食物变得面目全非，成为一堆黏稠的食糜。它们在胃里待上3小时后，起身去往下一个目的地——小肠。小肠曲径通幽，足足有5米长，一路上分解和吸收食物中的营养物质，剩余物质花费5～6小时才能到达大肠。在大肠里，食物残渣懒懒地睡上一觉，让大肠把自己“烘干”，最后变成粪便，钻出肛门。

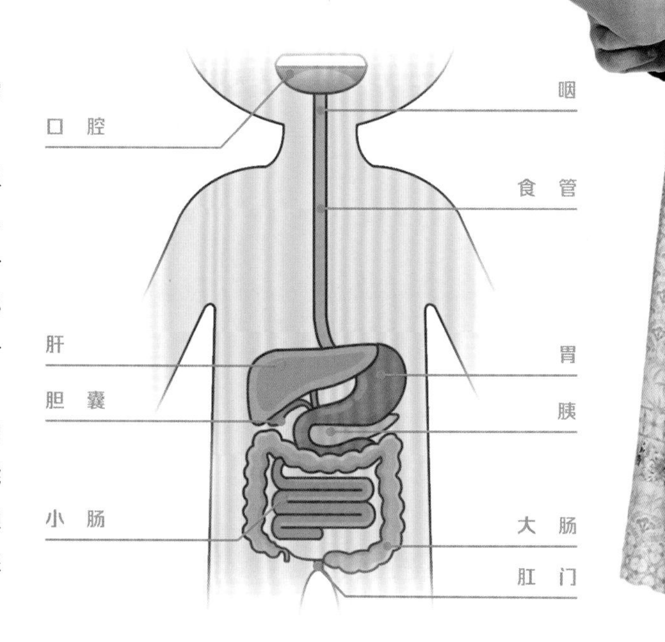

吃得太少

要想让摄入的能量和消耗的能量一样多，可不是一件容易的事情。如果吃得太少，身体就会把血液中所有的葡萄糖消耗殆尽，接着，肝里储存的糖原会立刻转化为葡萄糖进行补充。可是，糖原也很快会被消耗完。这时，身体里储存的脂肪就会“牺牲”掉自己，转化为能量。有时，身体还会采取极端的办法，消耗一部分肌肉，用它们分解而成的氨基酸来作为能量来源。慢慢地，身体就会变得消瘦。

吃得太多

如果吃得太多，情况则刚好相反。我们只花掉一部分葡萄糖用来运动和维持生长发育，多余的葡萄糖转变为糖原储存在肝里。如果肝里堆积不下了，剩下的葡萄糖就会转变为脂肪。脂肪喜欢聚集在皮下或内脏周围，存储在内脏的脂肪并不讨人喜欢，它们容易引发与肥胖有关的疾病。所以，吃得太多也不被提倡。

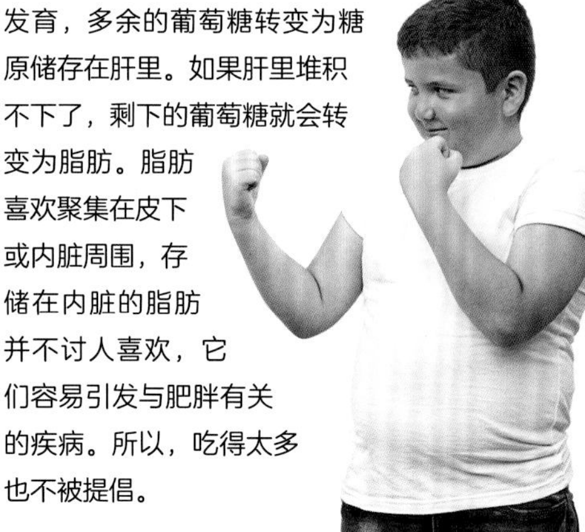

能量从哪里来？

消化后的食物变成了氨基酸、脂肪酸和小分子糖。友好的脂肪酸是血液“清道夫”，帮助清除血管内的沉积物。氨基酸活力四射，它们奔向身体各处，听令于不同的细胞，合成各式各样的蛋白质。多余的氨基酸不会一直游荡，它们进入肝内，转化为葡萄糖。葡萄糖是极活跃的分子，随时等候细胞的召唤，以释放出巨大的能量。有了源源不断的能量供应，我们才能有恒定的体温，也能时刻充满活力。

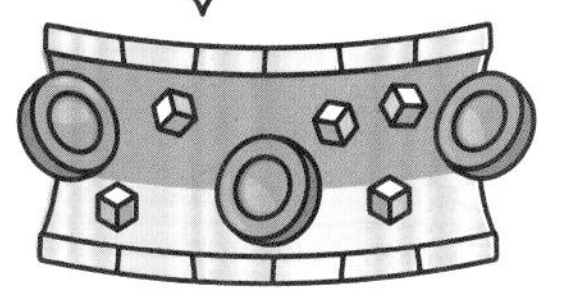

食物分解

经历了消化之旅，食物被分解成不同的小分子，牛奶、瘦肉被分解为微小的氨基酸分子，而面包、米饭则变成葡萄糖。

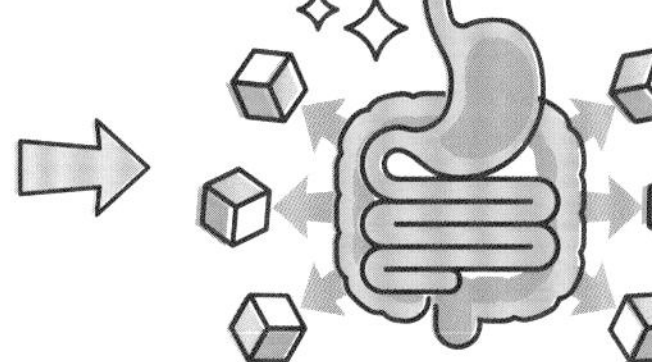

长途运输

小肠曲径通幽，葡萄糖被一把攫取，进入长长的运输通道——血管。它们搭载上红细胞列车，风风火火地奔向身体各处。

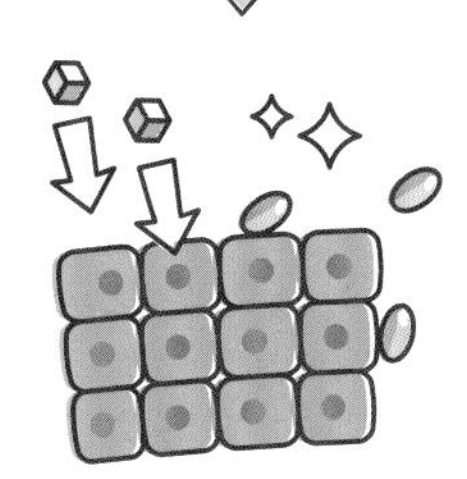

站点等候

每当路过一个器官站点，一部分葡萄糖就会靠站下车，与胰岛素会合，然后钻入细胞里。假如等不到胰岛素，葡萄糖就只能在血液里游荡。

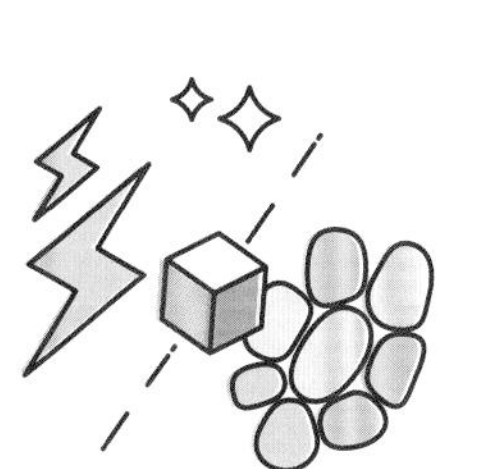

能量燃烧

一旦顺利进入细胞内，葡萄糖就开始肩负起使命——“燃烧”自己，释放大量能量。没有站点停靠的葡萄糖会被暂时收留在肝里。

知识加油站

体重是判断能量供给是否平衡的重要指标，成人的胖瘦程度常用体质指数（BMI）来衡量。体质指数为人的体重（千克）与身高（米）平方值之比。

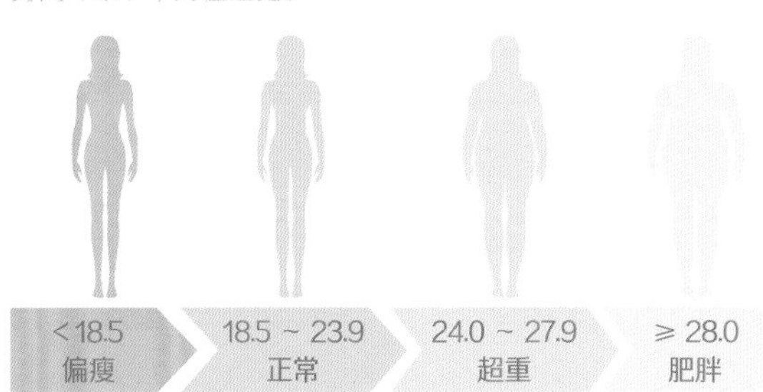

吃得营养

除了为我们提供能量，食物还帮我们修复受伤的身体，让我们变得健康。如果想要减少生病的次数，我们还必须搭配食用不同种类的食物，以保证充足的营养摄取。

食物里的宝物

我们的身体需要好几种重要的营养物质。糖类、脂肪是富有的能量供应商，它们身兼数职，协助器官、组织和细胞有条不紊地工作。蛋白质风光无限，身体的构造和修复都缺它不可。维生素和无机盐十分珍贵，它们默默无闻，参与了各种物质的代谢。水是勤劳的搬运工，参与各种养分的转移、交换，还让细胞变得健康、丰满。

再见，不良的饮食习惯

拒绝高盐

有时我们会摄入一些“隐形”的盐，比如吃饼干、蜜饯等点心。过量摄入盐容易诱发高血压等疾病。

重视早餐

睡觉时，我们仍在呼吸和生长，消耗着身体储存的能量。为了快速补充能量，每天的早餐一定要吃。

改善饮食

过度饮食会使人变得肥胖。我们可以增加蔬菜、水果等的摄入量，常吃鱼、禽类、蛋等健康食品。

水 分

一个人不吃饭可以勉强支撑1个月，但是如果这个人不喝水，恐怕连1周的时间都很难熬过。很多食物里都含有水分，但我们每天仍需要喝800~1300毫升水。

谷薯类

米饭和面条里富含易消化的糖类，它们在人体内很容易被分解，可以快速提供能量。全麦面包和豆类中的糖类分解得要慢许多，能长时间释放能量。

果蔬类

新鲜的水果和蔬菜含有丰富的维生素和无机盐，让我们的身体更健康。比如，维生素C让我们远离坏血病，钙可以令骨骼和牙齿变得坚固。

肉类、蛋奶类

鸡蛋、牛奶、鱼肉、瘦猪肉和牛肉都具有优质的蛋白质。在我们的身体里，蛋白质几乎无处不在。肌肉、血液、神经等组织都是由蛋白质建构而成的。

油盐类

即使不吃肥肉，我们每天也会从食用油、酱料甚至零食里摄取脂肪或盐。脂肪除了可以提供能量，还能维持皮肤健康，制造人体必需的激素。

某一类食物所占的面积越大，代表人体每天需要摄入的量越多。

从小到大的饮食

从小到大，我们的口味不会一成不变。刚出生时，母乳或配方奶粉是我们唯一的食物。再长大一点，我们可以尝试蔬菜、鸡蛋和肉。进入学龄期后，我们需要摄入丰富的食物，来保证智力和体格的正常发育。等长大以后，我们可能会喜欢刺激味蕾的“重口味”食物，事实上，保持清淡的口味更利于身体健康。

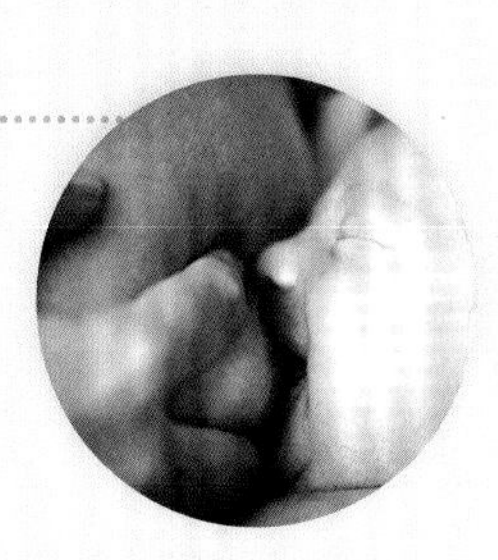

婴儿刚出生时，只能喝母乳或配方奶粉，渐渐地，开始尝试固体食物。

儿童可以品尝的味道变得丰富。正在长身体的我们要格外注意营养均衡。

长大以后，如果生活环境有所变化，我们的口味可能会发生改变。

孕妇需要补充更多的营养，如维生素和无机盐，以确保胎儿健康发育。

由于消化能力变弱，老年人尤其需要避免重盐、高糖、高脂的食物，以保持身体健康。

有毒的食物

“吃货”常常以探寻世界各地的美食为追求，可是，有些食物非常危险，不恰当地食用就会致命。有些食物再正常不过，但也会给少数人带来过敏的麻烦。

生腰果有毒？

相比其颜色鲜亮、形似彩椒的大果托，肾形的核果——腰果似乎一点也不起眼，不过，它才是我们食用的主要部位。很少有人敢直接生吃腰果，因为它的果壳含有有毒成分。

吃木薯要谨慎

木薯富含淀粉，是热带、亚热带地区的主要粮食作物之一。不过因为含有氰苷——一种有毒物质，鲜木薯必须用水浸泡并煮熟，或者切片晒干之后才能食用。

冒险吃河鲀

虽然长着可爱的模样，河鲀却藏着一颗“毒蝎”之心。其特有的河鲀毒素分布在内脏和血液中，贪吃者一不小心就会陷入危险。只有经过专业人士加工处理，河鲀才能变成美餐。

生吃活章鱼

如果直接生吃章鱼，那些潜伏在章鱼身上的各种寄生虫会一同钻入人体内。而且，章鱼的触手有非常强大的吸附力，生吃时容易黏附在嘴巴里，还可能阻塞呼吸道，引起窒息。

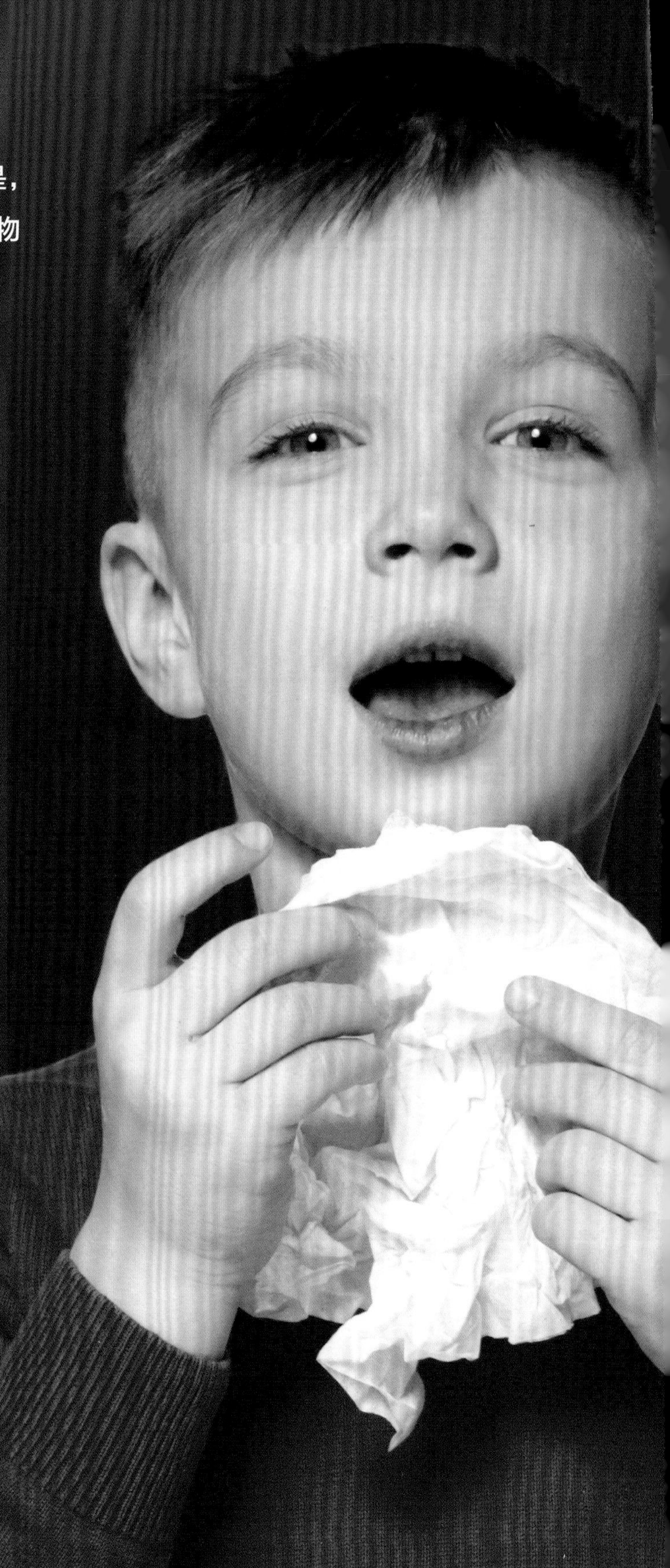

食物过敏

许多食物本身非但没有毒，还富含营养物质，常常出现在人们的餐桌上。可有些人哪怕只是接触到它们都会起皮疹、打喷嚏、腹泻甚至休克。他们可能是食物过敏了，其免疫系统把这些食物误当作有害物质，从而分泌出一种特异性免疫球蛋白。当这种特异性免疫球蛋白与食物结合时，它们会释放出许多化学物质，引起身体某一组织、某一器官甚至全身的强烈反应。接着，过敏症状就出现了。

食物致敏原

根据联合国粮食及农业组织的报告，90% 以上的食物过敏由牛奶、鸡蛋、鱼类、甲壳类、大豆、花生、小麦和坚果等 8 大类食物引起。

过敏症状

鼻子发痒、喉咙发炎、身上起疹子、呕吐、腹泻，这些都是食物过敏可能出现的症状。严重的过敏反应伴随着呼吸困难，甚至虚脱、休克，有时还会危及生命。

免疫系统

免疫系统是人体的安全卫士，由免疫器官、免疫细胞和免疫分子组成。当外来病原微生物入侵时，免疫系统立刻警觉起来，进入防守或战斗模式，消灭入侵者，让身体恢复健康。

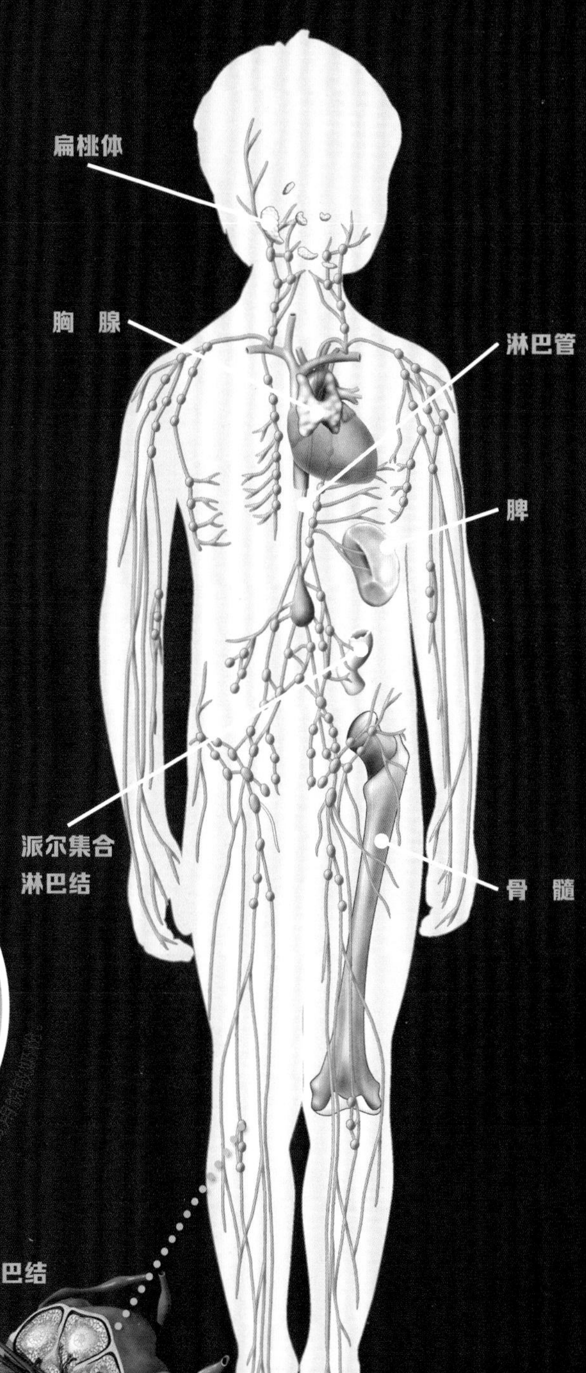

人体内有一套遍布全身的管道——淋巴管。淋巴管内的淋巴同血液一起，共同维持身体内部的清洁、健康。

预防是关键

目前，针对食物过敏，人们还没有找到一劳永逸的治愈手段，只能尽可能辨识食物致敏原，尽量避免进食。当出现食物过敏症状时，我们需要在医生帮助下一一排除致敏原。确定过敏原因之后，就得避免再次接触和食用这些食物。

婴幼儿对外界格外敏感，如果父母对某种食物过敏，那么孩子可能会遗传。婴幼儿常常对牛奶或鸡蛋过敏，但当他们到了上学的年龄，这些过敏症状大多会自动消失。

有些婴儿对普通奶粉会产生过敏反应，需要食用防敏奶粉

立体农场

在废弃的城市空地上，在高层立体温室中，各种农作物茁壮成长。这些作物一年四季都有收成，它们耗费少量的水，几乎不产生废物，人们也完全不担心病虫侵害……立体种植业实现了人们的美好愿景。实际上，在此基础上，科研人员提出了更加完美的立体农场设想。

把农业搬进摩天大楼

科学家预测，几十年后的某一天，地球村里将有 100 亿个村民。地球虽大，人类赖以生存的土地和食物资源却十分有限。很多年前，科学家就已经提出了立体农场的设想：把农作物种植、畜牧养殖等多个生产环节集合到一个多层建筑中。那里就像一个迷你城堡，农场的主人在里面可以自给自足。传统种植方式下，农作物常常因天气异常而减产，立体农场却十分智能：自动调节环境，无惧风雨侵袭。而且，立体农场配备了先进的污水回收处理系统，大大节约了水资源。更值得一提的是，因为在一座大楼里，立体农场非常节约空间。

❶水　培

早在20世纪上半叶，现代水培法便被创造出来。人们把作物固定在营养富足的水槽里，让它们在水中扎根。根系不停地汲取周围的养分，然后输送给茎和叶。

❷精准灌溉

相比较传统灌溉，精准灌溉更加智能。轮转的灌溉机随时听候指令，给那些“饥渴”的作物浇水。闲暇之余，这种灌溉机还能兼职播种、施肥，大大解放了劳动力。

垂直农场

位于美国新泽西州的空气农场是世界上最大的室内垂直农场之一。据说空气农场采用了 LED 照明、气栽法（让植物在富含营养的气雾中生长）和自动化控制等最新技术，让植物无需阳光、土壤和农药就可以茁壮成长。

现在，很多国家都建有垂直农场。

知识加油站

与建设立体农场相比，在太空种植更加困难重重：失重、低温、宇宙辐射不断……2015 年，美国国家航空航天局的航天员宣布成功种植出了可供食用的莴苣。很快，大白菜、生菜、卷心菜也相继在太空成功栽培。这给单调的航天生活带来了许多乐趣！

❸ 无土栽培

无土栽培早已不是新鲜事。人们把作物种植在溶有无机盐的营养液或栽培基质中。它们完全脱离了土壤，却一样可以健康生长。

❹ 空中养殖场

在立体农场里，养殖不再是一件麻烦事。空中养殖场不仅节省空间，还能充分利用系统中的空气和水资源等。

机器人登场

不论在一些现代化农场中，还是在未来的立体农场里，机器人都是不可或缺的存在。它们代替人力，完成一系列种植操作，大大提高了劳作效率，节省了劳动力。

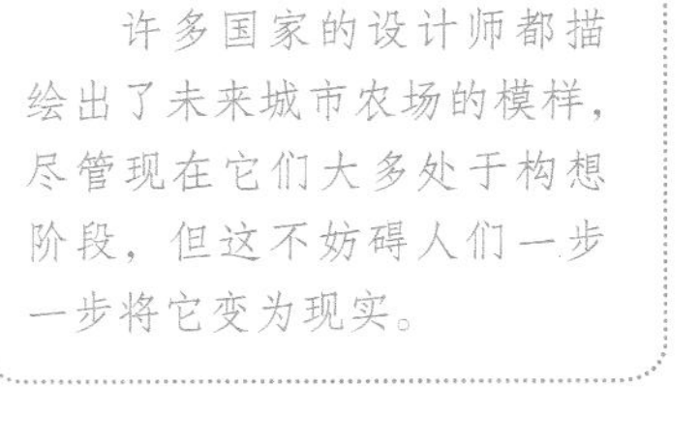

许多国家的设计师都描绘出了未来城市农场的模样，尽管现在它们大多处于构想阶段，但这不妨碍人们一步一步将它变为现实。

明天我们吃什么？

科学技术的飞速发展让人类的双手彻底解放。不妨大胆设想一下未来的场景：机器人厨师代替我们走进厨房，端出3D 打印食品，或是呈上我们未曾见过的食物，再或者递给我们一颗营养胶囊，并说道："小主人，这是你的定制餐，请享用！"

3D 打印机可以打印出各种造型的食物。盘子里的菜肴可能像某个著名的建筑物，也可能像你喜欢的某一款玩具。

机器人厨师做饭

机器人已经出现在农田、养殖场，不久后，机器人也会走进我们的厨房。世界上第一个机器人厨师由英国的莫利机器人公司开发。这款厨房机器人有两个可以自由活动的机械手臂，能自如地抓取食材、调味品、灶具、餐具等，还能和人类厨师一样娴熟地加工和烹饪食物。

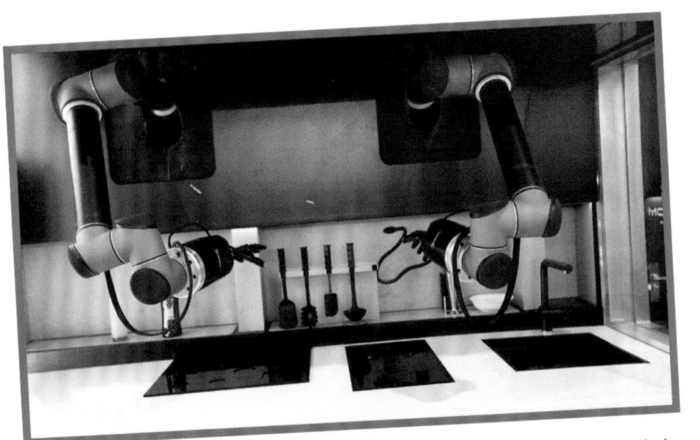

2015 年 5 月 26 日，在首届亚洲消费电子展（CES）上，参展商向观众展示了莫利机器人公司的厨房机器人。

打印你爱的食物

3D 打印不仅可以制造出人们想要的建筑模型、珠宝、汽车等，还被应用于食品领域。现在，食品 3D 打印机已经可以打印出巧克力、糖果等零食。随着 3D 打印技术的发展，食品在质地、口感和营养成分方面都能得到提升。消费者甚至可以根据自己的饮食需求和口味偏好，定制个性化的营养菜肴。比如，老年人可以打印富含更多钙和蛋白质的食物。

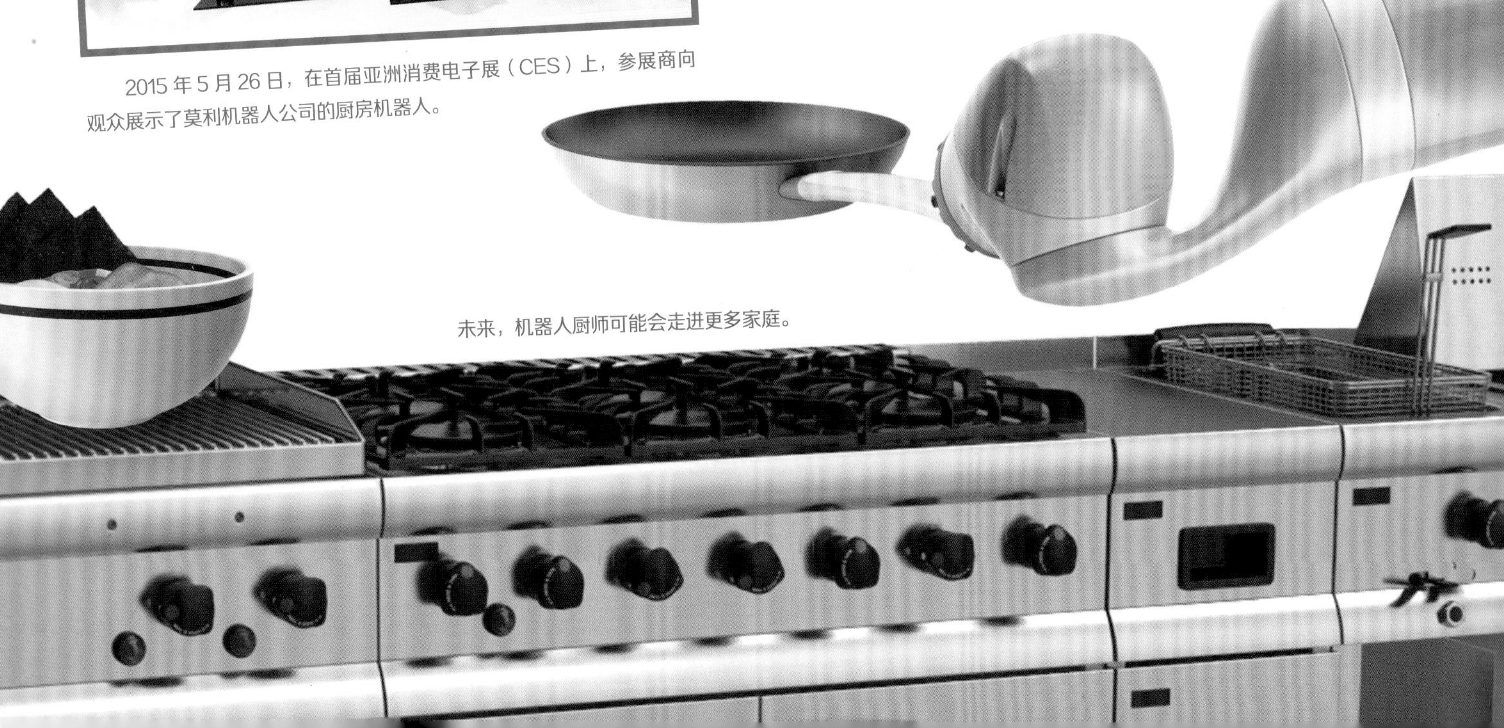

未来，机器人厨师可能会走进更多家庭。

定制营养产品

在未来，食物可能会变得很轻便却又不失营养。科学家把丰富的营养物质塞进一个小小的胶囊，或者将多种营养物质浓缩成一杯美味的饮料。在这之前，人们需要了解自己的基因构成和身体状况，确定身体对不同食物所产生的反应，接着就可以定制个性化的饮食方案啦！

除了提供营养，这种食物还能够添加特定的药物，帮助治疗一些疾病。

科学家设想的营养胶囊含有糖类、脂肪、蛋白质、维生素、无机盐等多种营养物质。

寻找可替代食物

地球上的植物和动物种类很多，但只有少部分能被人类食用，有些食物只在某些特定的国家或地区被食用。任何一种食物在成为人类饮食的一部分之前，都需要符合这些标准：安全、营养丰富和廉价易得。有些食物看起来难以下咽，却含有很高的营养价值。

昆　虫

作为食物，昆虫已经被许多人接受。一些昆虫的蛋白质含量比很多家畜和家禽的都要高，还拥有比牛奶更多的钙，比菠菜更多的铁。人们不仅食用昆虫，还将其加工为营养品。

螺旋藻

大型海藻是很受人欢迎的食物，一些微小的藻类，比如螺旋藻，也具有丰富的营养，富含优质的无机盐、维生素和蛋白质。一些科学家认为，螺旋藻是一种完美的“超级食物”。

知识加油站

随着食品工业的发展，很多人工合成的食品被开发出来，如植物黄油、人造肉等。然而，植物黄油含有危害人体健康的反式脂肪酸，人造肉也备受质疑。人们普遍认为，大自然赐予我们的天然食材更加健康、安全、美味。所以，珍惜食物，爱护环境，让农业和畜牧业可以长久发展，显得十分重要。

名词解释

氨基酸：组成蛋白质的基本结构单位，人体内有20种左右的氨基酸。其中，必须由食物中的蛋白质供给的叫必需氨基酸；可以由其他有机物转化而成的叫非必需氨基酸。

蛋白质：天然的高分子有机化合物，由多种氨基酸结合而成。蛋白质是构成生物体活性物质的最重要部分，是生命的基础。

干酪：又叫芝士。鲜乳经酸或酶作用凝结后，排除部分乳清，并在加盐和接种菌种后，长时间发酵成熟，成为干酪。在不同的微生物和酶的作用下，可形成不同风味和色泽的干酪。

根瘤菌：这类细菌与豆科植物共生，在其根部形成根瘤。植物供给根瘤菌以无机盐养料和能量；根瘤菌固定大气中的游离氮，为植物提供氮素养分。

罐头食品：原料经调制、装罐、排气、封罐、杀菌等工序加工而成的包装食品。

黑麦：与小麦、大麦、燕麦一起，组成四大麦类。中国东北、西北、华北、西南一带有少量栽培，东北地区也称其为油麦。

酵母菌：真菌的一种，细胞呈圆形或卵形。酿酒、制酱、发面等都要利用酵母菌所引起的化学变化。

砻谷机：脱去稻谷颖壳，制得糙米的机械。

裸大麦：大麦的一个变种，中国西藏、青海等地称其为青稞。成熟后的种子可供食用，也可用作酿酒原料及饲料。

葡萄糖：生物体中最重要的一种单糖，可以快速、大量产生能量。葡萄糖在某些植物果实（如葡萄）中含量丰富，也是动物血液中的主要糖类。

霉菌：真菌的一类，多腐生生活。常见的有根霉、毛霉、曲霉和青霉等。可以用来酿酒、酿造酱油，制造抗生素，也可以让食物发霉变质，引发疾病。

色质体：除叶绿体外，植物细胞中还含有黄、红、褐等色素的质体。藻类中常含有藻红素、藻蓝素等色质体。

糖类：又叫碳水化合物，可分为单糖、双糖、多糖，是人体内产生热能的主要物质，包括葡萄糖、蔗糖、乳糖、淀粉等。

维生素：人和动物所必需的某些微量有机化合物，对机体的新陈代谢、生长发育和健康有极重要的作用。

胃蛋白酶：由胃黏膜主细胞分泌的一种消化性蛋白酶，可以将食物中的蛋白质分解为较小的肽片段。

无机盐：人体内无机化合物盐类的统称，是人体必需的营养素，也是构成机体组织的重要成分，分常量元素和微量元素两大类。它能组成激素、维生素、蛋白质和多种酶，还能维持细胞膜的通透性以及神经、肌肉的兴奋。

纤维素：由许多（通常为数千个）葡萄糖分子缩合而成的多糖，是植物细胞壁的主要成分，一般不能被动物直接消化利用，但能被若干微生物分解。

新陈代谢：生命的基本特征之一，是维持生物体的生长、繁殖、运动等生命活动过程中化学变化的总称。生物体将从食物中摄取的养料转换成自身的组成物质，并储存能量，称合成代谢。反之，生物体将自身的组成物质分解以释放能量或排出体外，称分解代谢。

胰岛素：一种能增强细胞对葡萄糖的摄取利用，对蛋白质及脂肪的代谢也有促进、合成作用的蛋白质类激素。

营养：生物体从外界环境摄取食物，经过消化吸收和代谢，用以供给能量、维持生长发育等生命活动的作用。

脂肪：生物体内储存能量的物质，存在于人体和动物的皮下组织及植物体中。

籽实：稻、麦、谷子、高粱等农作物穗上的种子，也叫籽粒。